国际电气工程先进技术译丛

电机及其传动系统——原理、控制、建模和仿真

[美] 沙欣·费利扎德（Shaahin Filizadeh）著

杨立永 译

机 械 工 业 出 版 社

Shaahin Filizadeh博士在总结“电机及其传动”课程教学工作的基础上编写了本书，在本书中，充分地考虑了学生在学习过程中的反馈意见，具有内容系统、适于教学、习题丰富、讲述透彻、深入浅出和内容新颖等特点。

第1章和第2章讲述了电机的基本结构和基本电磁学定律，第3章讲述了直流电机的基本工作原理和调速方法，第4~7章讲述了交流电机的基本工作原理和调速方法，第8章简要地介绍了本书涉及的电力电子技术，第9章介绍了一种新颖的基于仿真技术的电机传动系统设计方法。

本书可作为高等院校电气工程、机电工程、自动化、新能源等相关专业本科生的教材和参考书使用，也可作为相关技术人员的参考用书。

译 者 序

在生产生活的各个领域，电机及其传动系统有着广泛的应用，因而，在国民经济中具有重要的作用。近年来，随着电力电子技术、控制理论与控制技术、微处理器技术的飞速发展，电机传动领域无论是在理论方面还是实践方面均呈现出迅猛发展之势，其中一个突出的特点就是交流系统全方位地取代了直流系统。

在以上技术发展的背景下，作者结合自己的教学经验，特别强调教学过程中学生的反馈意见，使得本书特别适合作为电气工程、机电工程、自动化、新能源等相关专业的本科生教材，同时本书也是相关技术人员的很好的参考书。

本书内容的系统性很强，涵盖了电机学和电机传动系统两部分内容，虽然涉及内容广泛，但是强调应用、弱化理论、精心组织，作者用相对较少的篇幅对相关内容进行了深入浅出的介绍。

结合当前电机传动领域的发展现状，作者弱化直流部分，强化交流部分，合理地安排了直流传动系统和交流传动系统的内容比例。不同于国内的相关书籍，作者采用新颖的角度，对知识点进行了深入浅出的讲述，同时精心设计了 MATLAB 仿真实例，有利于降低知识点的理解难度。特别值得指出的是，作者对本书的习题进行了精心的设计，本书的习题有助于加深对知识点的理解，而且还能够引导读者进行创造性的思考，有利于培养读者的分析问题和解决问题的能力。

在本书的第 9 章中，作者介绍了基于仿真技术的电机传动系统的设计方法，不同于传统的设计方法，这种方法把系统作为一个整体进行考虑，为进一步提高整个系统的整体设计水平提供了一种新的思路，代表了当今电机传动领域的一个新的发展方向，特别值得关注。

限于译者的水平，本书可能存在一些翻译不当之处，欢迎读者提出宝贵的修改意见和建议。

杨立永

2015 年 5 月

前　言

在现代生活中，电机具有重要的作用，但是又经常不为人们所察觉。对于我们的生活，电能已经不可或缺，而电能就是利用电机产生的，许多设备也是由各种各样的电机驱动的。很难想象，如果没有电机，我们的世界会成为什么样子；也很难评估，电机给我们的生活带来了多么大的便利。

很长一段时间内，关于电机的研究是电气工程领域的主要研究内容。然而，在过去的二三十年间，电机领域的研究有减弱的趋势。而关于数字和计算机系统方面的研究成为了许多大学的主要研究内容。

在最近一段时间，电机技术被应用到了许多新生的和飞速发展的大功率场合，例如，可再生能源发电项目、电动汽车和混合动力汽车等。在电力电子领域和控制系统领域出现了很多的新技术，也给电机的发展注入了新的活力。本书的目的在于通过对电机的物理原理和传动系统的运行原理的学习，激发出学生对电机及传动系统的兴趣。

章节概述

本书共包含9章和3个附录。第1章和第2章讲述电机的基本物理原理，介绍了电磁感应定律和相互作用定律，通过大量的例子阐明了这些原理在电机学中的重要作用。第3章讲述了直流电机的相关内容。首先，讲述直流电机的运行原理。然后，讲述了一个简单的动态模型，在此基础上介绍了速度和转矩的控制方法。第4~6章讲述了感应电机的相关内容。在介绍了感应电机物理原理的同时，还讲述了感应电机建模、基于稳态的传动系统和高性能传动系统等方面的内容。第7章介绍了永磁同步电机的建模和高性能控制等问题。第8章讲述了在电机传动系统中用到的电力电子技术。在研究现代电机及其传动系统时，计算机仿真技术是不可或缺的。该技术是对传统分析方法强有力的发展，另外，在电机设计中，计算机工具也应用得越来越广泛。第9章讲述了基于仿真技术的电机传动系统的优化设计方法。

附录A对动力系统的数值仿真技术进行了介绍，这部分内容是非常重要的。在这部分内容的基础上，学生可以编写自己的仿真代码，利用自己建立的计算机模型，进行相关仿真实验。

附录B对功率半导体器件进行了介绍。

附录C列出了三角函数的基本公式。

计算机工具和技术

在本书中，使用了许多计算机工具和技术，主要包括以下三种：

1. 对于简单的问题，利用在附录A中介绍的相关技术进行数字仿真，使用的计算机工具为MATLAB®。

2. 利用Mathcad进行绕组波形、电感波形的分析和相关计算。

3. 基于PSCAD/EMTDC软件，对电力电子电路驱动的电机系统进行瞬态仿真。PSCAD /EMTDC具有强大的建模和仿真能力，尤其适用于对大功率电力传动系统进行仿真，是一种被广泛应用的商业软件。

可以通过出版商获得这些仿真程序。可以在WWW. PSCAD. COM网站免费下载学生版的PSCAD/EMTDC软件。还可以根据相关说明，通过出版商获得本书的幻灯片和习题答案。

教学方法

对本书内容进行少量改动，即可作为高年级本科生和研究生的一个学期的教学内容。根据学生的学习背景和是否学过电力电子技术，教师可对第8章内容进行取舍，还可以适当补充相关材料（例如，DC－DC变流器）。教师根据教学大纲的特殊要求，可以对第9章的内容进行取舍。

需要特别注意本书中的仿真内容，可以把仿真实例作为进一步仿真的基础，还能通过布置仿真作业和仿真项目对其进行完善。

在每章的习题部分，提供了大量的学习材料，通过这些习题，可以对每章的知识点进行复习和深化，利用这部分内容还引入了一些额外知识。

MATLAB®是MathWorks公司的注册商标。若需要对相关产品进行咨询，可参考以下信息：

The MathWorks, Inc.
3 Apple Hill Drive
Natick, MA 01760－2098 USA
Tel：508 647 7000
Fax：508－647－7001
Email：info@mathworks. com
Web：www. mathworks. com

致　谢

在本书的写作过程中，直接或间接地得到了许多人的帮助。在学习“电机及其传动”这门课程时，有许多本科生提供了宝贵的反馈信息，为提高课程的质量做出了贡献，这些内容也成为了本书的核心内容。本书有些内容来源于学生的作业，特别感谢 Mziar Heidari、Maryam Salimi、Farhad Yahyaie、Jesse Doerksen 和 Garry Bistyak 等人，他们出色的作业为本书提供了相关材料。Mohamed Haleem Naushath 阅读了本书全部手稿，提供了有益的反馈意见。Steven Howell 对大多数证明进行了检查，指出了其中的错误，并提出了改进意见。

本书的工作得到了来自 Manitoba HVDC 研究中心的 Randy Wachal 和 Roberta Desserre 的大力支持和帮助，两人还为本书准备了 PSCAD/EMTDC 仿真案例。

Manitoba 大学的同事们对本书给予了一贯的支持和帮助，作者与 Ani Gole 教授进行了深入的讨论，系主任 Udya Annakkage 教授对本书的写作给予了鼓励和时间上的支持，对此表示感谢。由于本书的写作，经常会延误与学生的会面时间，在此表示歉意。

感谢爱妻 Leila 和儿子 Rodmehr 对本书写作给予的理解、支持和鼓励，没有他们的付出，本书是一项不可能完成的任务，对母子二人深表谢意！

作 者 简 介

Shaahin Filizadeh 博士分别于 1996 年和 1998 年，在伊朗获得谢里夫理工大学电气工程专业的学士和硕士学位。于 2004 年获得曼尼托巴大学的博士学位。目前，他为该校的副教授。

Filizadeh 博士的研究方向为电力电子、电力系统仿真、电气传动、混合动力机车驱动及优化技术，是多个 IEEE 工作组的研究团队成员，担任感应电机建模研究团队的负责人，同时为曼尼托巴省的一名专业注册工程师。

目　录

第1章　电机的物理基础

1.1　引言

电机是用来实现能量转换的装置，绝大多数电机实现的是电能和机械能之间的转换。电动机是把电能（输入）转换为机械能（输出）的机械；发电机实现反向转换，把输入的机械能转换为电能。因此，要进行电机方面的学习，必须掌握能量转换原理的相关知识。

电机的形式多样，大小不同，以不同方式应用在各个领域。例如可以利用小功率电机来实现小型硬盘中的精确位置控制，而在电厂，由涡轮机驱动的大型发电机能够产生大量的电能。虽然，在功率等级和应用场合等方面，各种电机存在着很大的区别，但是其工作原理和基本结构（以磁路为媒介，把电机的机械部分和电气部分耦合起来）都是相同的。

虽然，在磁场的产生方式与绕组的耦合方式上，各种电机有所不同，但是，在不同电机中，以磁路为媒介，都可以实现能量在电气部分和机械部分之间的转换和流动。所以，要学习电机，就必须详细了解电机的磁场结构以及磁场在能量转换过程中的作用。虽然，通常使用 Maxwell 方程的矢量计算来研究电磁系统的工作过程，但是，本书在描述电机行为时，并没有使用这种复杂的数学工具。

本章的重点是基于简单的物理学定律，建立电机学的理论基础。在讲述过程中，仅把数学作为一种工具，如果能够使用词语、图形和定性描述的手段进行说明时，就不以数学的方式进行说明。但是，在对电机进行详细建模和定量分析时（例如第3、4章），数学工具还是必不可少的。在本章的最后，回顾了磁路耦合功能，对非线性磁路的数字仿真问题进行了初步的讨论。

1.2　感应和相互作用定律：定性讨论

所有电机都是通过电磁介质把电气部分和机械部分连接起来的，其原因在于磁场和导体相互作用时发生的两个有趣的现象。

考虑如图1.1所示的简单情况，在图1.1中，规则线圈（导体）被放置在均匀的磁场中，线圈两侧连接有转轴，转轴放在凹槽中。图1.1仅给出了截面图，实际线圈垂直于纸面。回顾物理知识可知，当通过一个给定平面的磁通量改变时，可以在线圈中产生感应电压。假设线圈垂直于纸面，且在外部原动机的带动下旋转，则通过线圈的磁通量就会随时间变化而变化，进而在线圈的两端（图 1.1 中 1 点和 2 点）感应出电压。

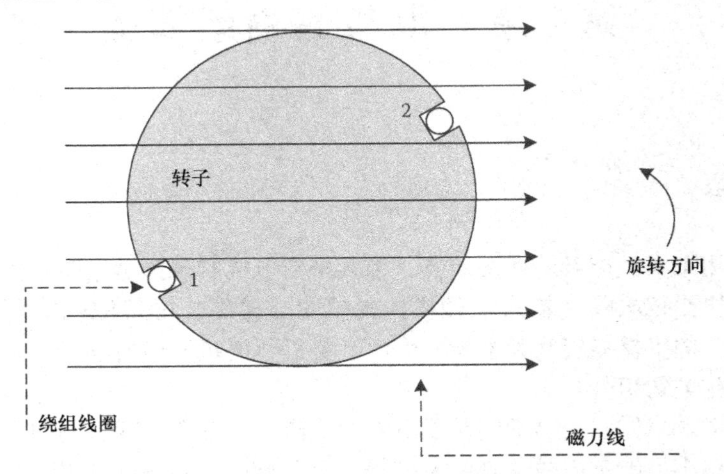

图 1.1 磁场中的旋转导电线圈

且不关心感应电压的具体表达形式，先建立一个事实：在磁场中旋转的线圈，因为磁通的变化，会产生感应电压，这就是 Faraday 感应定律。该定律是发电机运行的基本原理，在发电机中，机械能（原动机）带动磁场中的绕组旋转，产生感应电压。

利用相同的模型也可以解释电动机是如何工作的。在图 1.2 中，线圈的两端（1，2）和外部电压源连接，在线圈中产生电流（如图 1.2 所示，电流在端子 2 处流出纸面，在端子 1 处流入纸面）。

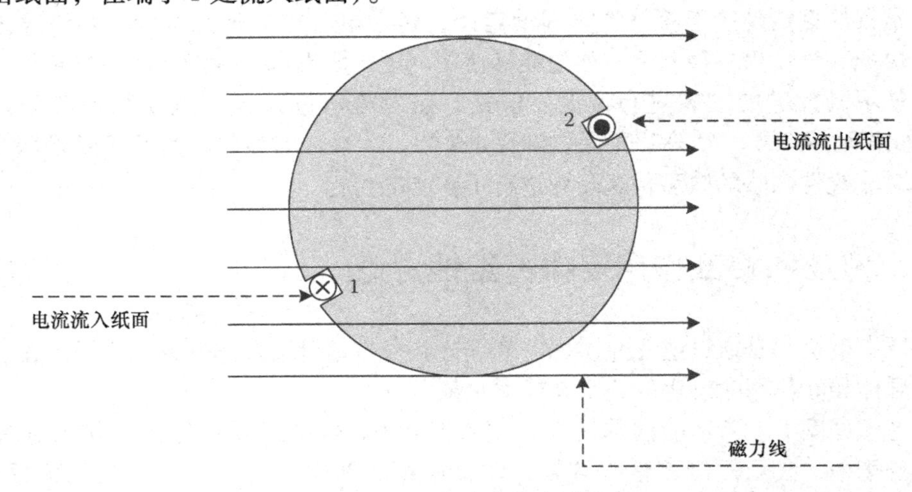

图 1.2 磁场中的载流线圈

在磁场中的载流线圈会产生作用于线圈上的力（转矩）。如 1.4 节所述，作用在线圈上的力会产生一个机械转矩，使线圈（转子）旋转。此时，不关心转矩的具体表达式，也不关心线圈是否可以连续旋转。相互作用定律解释了在磁场中载流导体上力和转矩的产生机理，它是电动机运行的基本原理。

值得注意的是，在图 1.1 和图 1.2 给出的发电机和电动机的模型中，包含完全相同的组件，这个事实具有重要的意义。基于这个事实，可以说一个电机既能运行在发电机状态，也能运行在电动机状态，如果能量是由机械能转换成电能，则运行在发电机状态；反之，则运行在电动机状态。实际的电机具有更加复杂的结构，这些结构保证了能量转换的高性能和高效率，然而，它们的基本原理保持不变。

1.3　感应和相互作用定律：深入讨论

在本节中，考虑与感应定律和相互作用定律相关的一些简单案例。虽然，这些案例是现实情况的简化，但是，能够反映电机运行的真实情况。数学作为一种必要且有力的手段，下面用之对相关现象进行描述。

1.3.1　线圈中的感应电压

考虑图 1.3a 给出的简单案例，图中线圈 1 - 1′为电机的定子绕组，匝数为 N，布置在相隔 180°的两个齿槽中。电机转子产生的磁场在空间中按正弦规律分布，即

$$\boldsymbol{B}_{\mathrm{R}}(\phi)=B_{\mathrm{m}}\cos(\phi-\theta_{\mathrm{r}})\hat{\boldsymbol{r}} \tag{1.1}$$

该式（1.1）说明了磁通密度矢量在定子和转子之间的气隙中的分布情况。如图 1.3a 所示，磁通密度的方向为径向，在空间中按正弦分布。可以通过转子绕组的适当配置得到正弦磁通分布，也可以通过永磁体得到，在下面

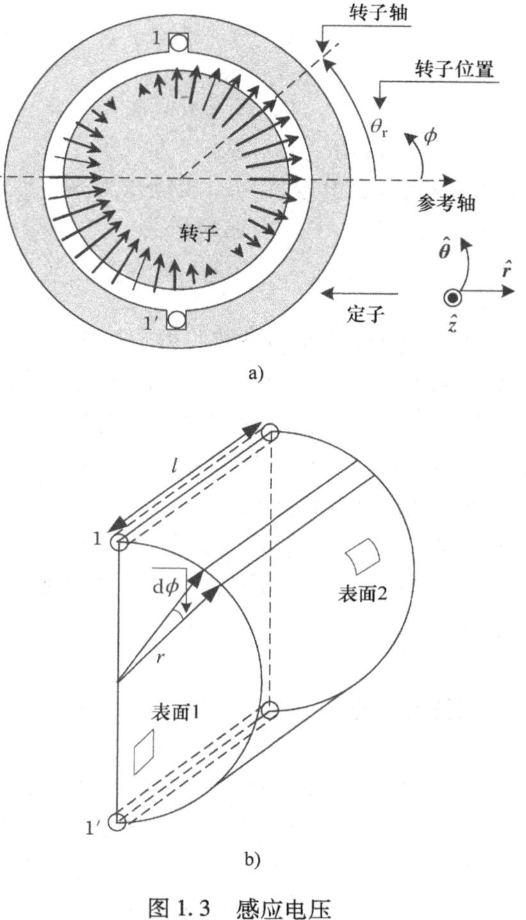

图 1.3　感应电压
a）机械结构　b）积分曲面

的讨论中，先不关心如何获得这样的正弦分布磁场。在图 1.3 中，假定转子轴向和转子磁场正峰值方向一致，转子的位置用 θ_r 表示，θ_r 具体为转子轴向和水平轴之间的夹角。如果电机的气隙足够小，则可以假设气隙中的磁通矢量幅值是相同的。

当转子旋转时，通过线圈（1－1′）的磁通会发生变化（图 1.3b 中的表面 1），根据 Faraday 感应定律，磁链的变化会在线圈中感应出电压。下面计算磁链和感应电压的大小。

注意，需要计算的磁通为通过图 1.3b 中用 1 表示的矩形表面的磁通，而式（1.1）给出的磁通密度表达式仅适于计算气隙磁通，不适用于计算穿过表面 1 的磁通。根据高斯定律可知，自然界中没有单独存在的磁极，进入和离开一个闭合曲面的净磁通等于零，故穿过表面 1 的磁通必然等于穿过半圆柱曲面 2 的磁通，曲面 2 位于电机的气隙处，而我们已经得到了关于电机气隙处的磁通密度的表达式。

因此，通过曲面 2 的磁通可以表示为

$$\begin{aligned}\boldsymbol{\Phi} &= \int_{surface2} \boldsymbol{B}_{\mathrm{R}}\mathrm{d}\boldsymbol{A} = \int_{-\frac{\pi}{2}}^{\frac{\pi}{2}} B_{\mathrm{m}}\cos(\phi-\theta_{\mathrm{r}})\hat{\boldsymbol{r}}\cdot rl\mathrm{d}\phi\mathrm{d}\hat{\boldsymbol{r}} \\ &= 2B_{\mathrm{m}}rl\cos(\theta_{\mathrm{r}})\end{aligned} \tag{1.2}$$

式中，l 为电机转子的长度；r 为气隙半径（平均）。

如果电机以恒速旋转，角速度为 ω，也就是 $\theta_r=\omega t+\delta$，当磁通按正弦分布，则线圈（1－1′）中感应的电压为

$$e=\frac{\mathrm{d}\lambda}{\mathrm{d}t}=\frac{\mathrm{d}(N\Phi)}{\mathrm{d}t}=-2NB_{\mathrm{m}}\omega rl\sin(\omega t+\delta) \tag{1.3}$$

其中，λ 为通过线圈的磁链。根据楞次定律，该感应电压极性的判断方法是，假设线圈的端子用导体连接起来（比如一个电阻），则由感应电压会产生电流，而该电流产生的磁场会阻碍线圈中磁通的变化。设置例 1.1 的目的是强调感应定律及其在产生感应电压过程中的重要作用。

例 1.1　磁链和感应电压

考虑如图 1.3a 所示的电机，其中 $B_m=0.2\mathrm{T}$，$r=10\mathrm{cm}$，$l=20\mathrm{cm}$，线圈的匝数为 100，求当 $\theta_r=0°$、$90°$、$180°$时的磁通；转子的转速为 60Hz，求感应电压的有效值。

解：

根据已知电机参数，利用方程（1.2）计算磁通（幅值）得

$$\Phi(0°)=2\times0.2\times0.1\times0.2\times\cos(0°)=8\mathrm{mWb}$$

$$\Phi(90°)=2\times0.2\times0.1\times0.2\times\cos(90°)=0\mathrm{Wb}$$

$$\Phi(180°)=2\times0.2\times0.1\times0.2\times\cos(180°)=-8\mathrm{mWb}$$

当转子恒速旋转时，感应电压的有效值为

$$e_{\mathrm{rms}}=\frac{2NB_{\mathrm{m}}\omega rl}{\sqrt{2}}=\frac{2\times100\times0.2\times2\pi\times60\times0.1\times0.2}{\sqrt{2}}=213.3\mathrm{V}$$

1.3.2　感应电流和相互作用定律

下面考察转子磁场和定子感应电流（由转子旋转产生）之间的相互作用关系。当定子回路闭合时，在感应电压的作用下，产生了感应电流。图 1.4 给出了在某时刻，定子绕组中的感应电流的方向。假设转子按逆时针方向旋转，定子电流则会产生一个向右的磁通，以阻碍右向磁通的减小（转子产生）。

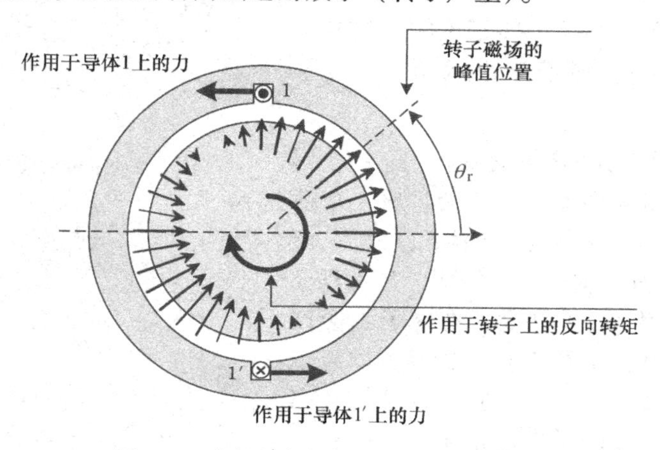

图 1.4　感应电流和定 - 转子的相互作用

根据相互作用定理，磁场中载流导体产生的力为 $\boldsymbol{F}=i\boldsymbol{l}\times\boldsymbol{B}$，式中，$i\boldsymbol{l}$ 为一个矢量，方向为导体中的电流方向；$\boldsymbol{B}$ 为磁通密度；符号 × 表示叉乘，力 $\boldsymbol{F}$ 的方向同时垂直于电流方向和磁场方向。

由图 1.4 可以看出，在定子线圈的两个边框上，产生大小相等方向相反的力，两个力产生一个逆时针方向的转矩。由于线圈被安装在静止的定子中，处于静止状态，但是，根据牛顿第三运动定律，在转子上会产生一个大小相等、方向相反的转矩（见图 1.4）。

需要注意的是，当转子在原动机的带动下逆时针旋转时，只要能够建立起感应电流，则会产生一个作用于转子的反向转矩，该转矩试图让转子减速。为了维持转子的转速，则需要原动机为转子提供持续的机械功率。以上是发电机运行的基本原理。发电机转子提供的机械功率要大于发电机端子的输出功率，因为前者要克服各种损耗。

1.3.3　一个简单的电动机：运动中的相互作用定律

利用以上的知识，我们可以制作一台简单的电机。如图 1.5 所示，我们将它运行于电动机状态。在图 1.5 中，定子中有两个独立的绕组，分别称为 A 相绕组和 B 相绕组。电机的转子为永磁体，有一对 N、S 磁极。

当转子处于图 1.5 中所示位置时，在 A 相中通以电流 $i_A = +I_m$，B 相电流 $i_B = 0$。在两个电流的作用下，产生一个向右的沿 A 轴方向的磁场（幅值 F_m）。由于永磁体磁场的方向与定子磁场的方向，有趋于一致的趋势，故在转子上产生一个顺时针方向的转矩。在该转矩的作用下，转子旋转，当两个磁场方向一致时，转子停止运动，对应于图 1.6a。

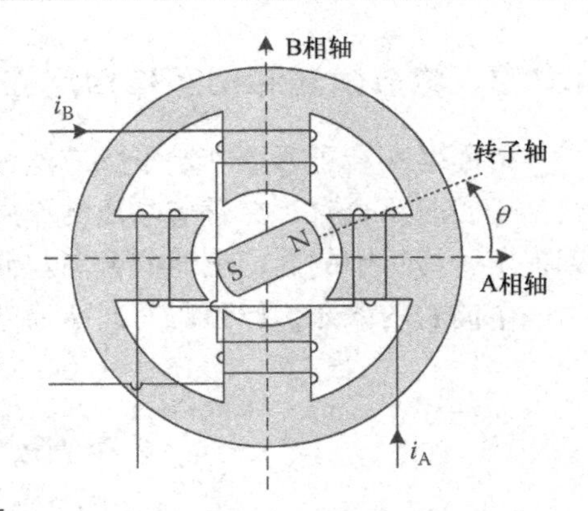

图 1.5　电机的简化模型图

当 A、B 相绕组的电流变为 $i_A = i_B = I_m/\sqrt{2}$ 时，在这两个电流的作用下，会合成一个幅值相同、角度 $\theta = 45°$ 的定子磁场（注意，定子磁场在 A 轴和 B 轴方向上的两个分量正比于对应电流的大小）。从而，在转子上会产生一个转矩，在该转矩下转子磁场方向趋于新的定子磁场的方向，如图 1.6b 所示，当两者方向一致后，转子停止旋转。

以上所述的简单运行原理具有重要的意义。可以发现，通过适当调整相电流的大小和方向，以产生一个幅值恒定，并具有期望角度的定子磁场，就可以使转子处于任意位置。调整相电流的方法是，把期望得到的定子磁场矢量向 A 相轴线和 B 相轴线上投影，得到两个投影值，然后分别在两相绕组中产生正比于两个投影值的电流。例如，如果要使转子的角度为 α，则两相电流分别为

$$i_A = I_m \cos(\alpha), i_B = I_m \sin(\alpha) \quad (1.4)$$

电流的给定方式决定了转子旋转的性质，如果角度 α 是离散值，那么电机就是所谓的步进电机，这时转子仅趋近于几个由离散值 α 决定的固定角度。如果期望电机连续旋转，则可令 $\alpha = \omega t$，两相电流是相差 90°的正弦电流，分别为 $i_A = I_m\cos(\omega t)$ 和 $i_B = I_m\sin(\omega t)$。

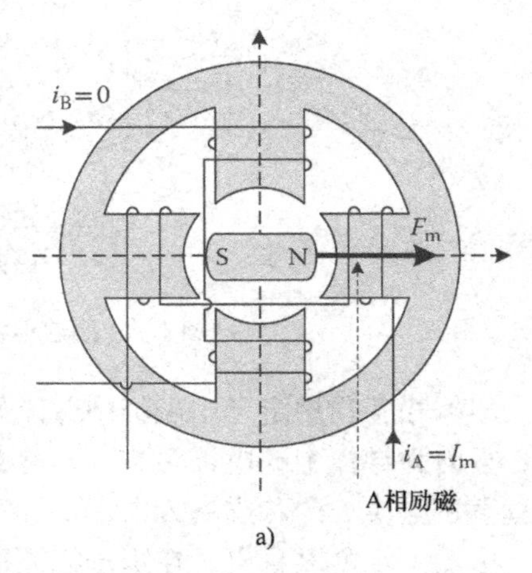

a)

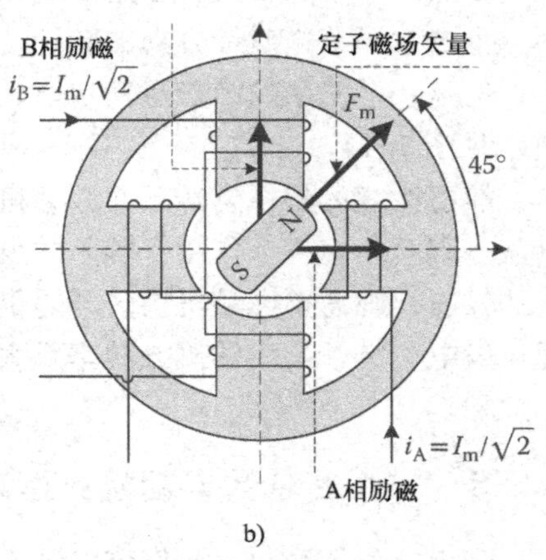

b)

图 1.6　定子磁场作用下的转子位置

a）$i_A = +I_m$，$i_B = 0$　b）$i_A = i_B = I_m/\sqrt{2}$

尽管两相电机在正弦电流的激励下，转

子能够连续旋转，但是，常用电机通常采用三相结构，具有三个绕组轴线，根据三个轴线的方向可以定义一个坐标系。由以上分析可见，与两相电机相比（两个自由度），三相电机多了一个额外的自由度。

1.3.4 感应定律和相互作用定律的共同作用

考虑感应定律和相互作用定律共同作用的情况，有一个可以自由旋转的闭合导电回路，如图 1.7 所示，为分析方便，取闭合回路的形状为矩形。整个装置放置在均匀的磁场中，磁通密度 B 的大小不变，方向可以任意改变，下面分析一下当磁场方向改变时回路会如何反应。

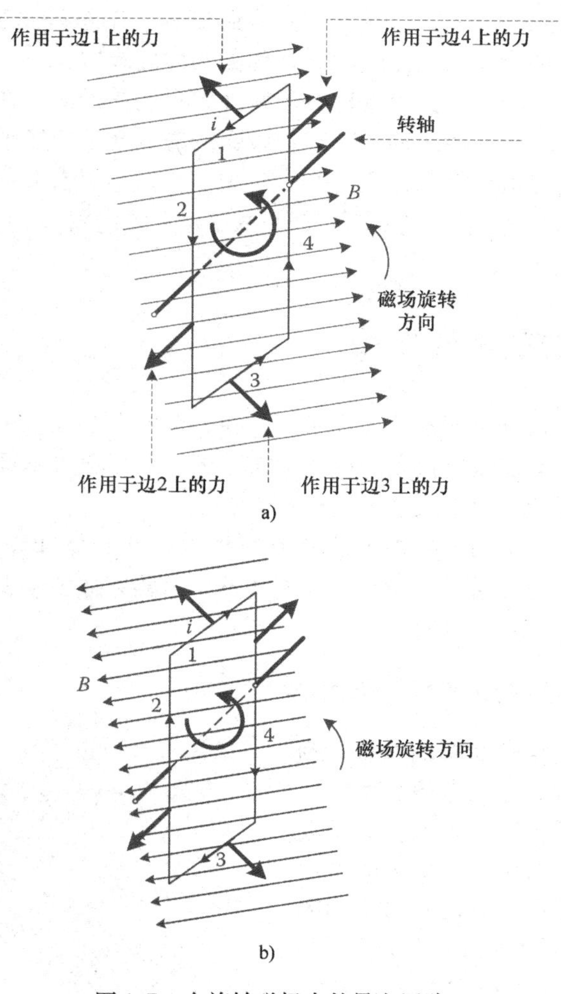

图 1.7　在旋转磁场中的导电回路

a）右向磁场下的感应电流和力　b）左向磁场下的感应电流和力

对于如图1.7a所示的磁场旋转方向，根据楞次定律可知，在闭合回路中会产生如图1.7a所示的电流，这是由于感应电流有阻碍磁通变化的作用。矩形回路的4个边的受力情况如图1.7a所示。边2和边4上的力大小相等而方向相反，其作用可以忽略不计。然而，边1和边3上的力则会产生转矩，转矩方向如图1.7中粗的弯曲箭头所示。在该转矩作用下，回路与外部磁场同向旋转。旋转方向的判断方法是：在正确的旋转方向下，回路产生的磁场方向与外部磁场方向趋于一致。

当外部磁场旋转180°后，感应电流及力的方向如图1.7b所示，磁场旋转也会产生转矩，在转矩作用下，线圈与外部磁场同向旋转。

通过以上分析可知，如何用感应定律和相互作用定律来解释感应电流、转矩及旋转方向之间的关系。如1.4节所述，两个磁场的运动总是趋于使磁场方向一致，因此作用于线圈上的力矩总是使线圈与外部磁场同向旋转。

深入研究会发现，转矩是由感应电流和外部磁场产生的。如果线圈与外部磁场的转速相同，相当于两者相对静止，穿过线圈的磁通就不会发生改变，也就不会产生感应电压和感应电流，最终也不会产生转矩。所以，图1.7中的线圈永远也不会和外部磁场以相同转速旋转。在实际应用中，一大类电机（感应电机）都是按照以上原理运行的。

1.4　电机系统的能量转换

在电机中，能量在不同形式之间进行转换，例如在电动机中，实现的是由电能到机械能的转换，而能量转换是以磁场为媒介的。可以通过不同的方法，得到电机系统（含有磁路系统）的运动方程。

在各种方法中，下面介绍的方法具有数学复杂性最低和物理含义最明确的特点，在本章的结尾处，给出了一系列参考文献，为感兴趣的读者提供了深入阅读的材料。

1.4.1　利用相互作用定律计算转矩

对于一台结构足够简单的电机，利用物理定律，如相互作用定律和牛顿运动定律，可以获得转矩表达式。为了阐述这个概念，考虑如图1.8所示的简单电机。由图1.8可见，电机有两个间隔90°的定子绕组（记为a_1a_2、b_1b_2），和一个转子。在气隙（均匀）中，转子建立按正弦分布的磁场。假设两个定子绕组的电流分别为$i_a(t)$和$i_b(t)$。

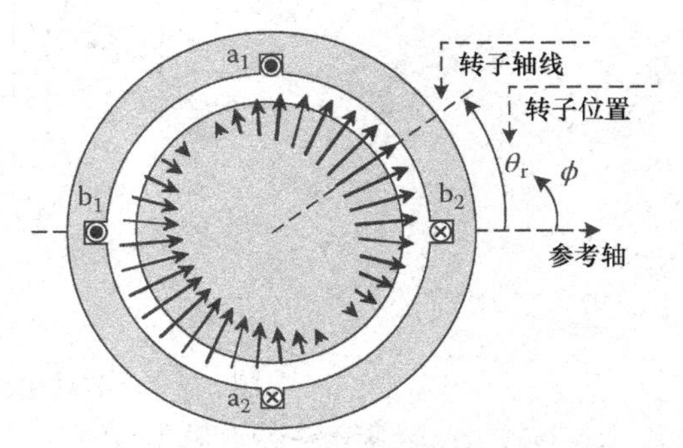

图1.8　简单电机结构图

可以把转子在气隙中产生的磁场表示为

$$\boldsymbol{B}(\phi,\theta_r)=B_m\cos(\phi-\theta_r)\hat{\boldsymbol{r}} \tag{1.5}$$

磁场在气隙中的方向为径向，向外为正方向，下面计算作用于 a 相绕组上的力。在 $\phi=\pi/2$ 处（a_1 处）有 $B(\pi/2,\ \theta_r)=B_m\sin(\theta_r)$，根据 $\boldsymbol{F}=il\times\boldsymbol{B}$，有

$$F_{a1}=i_a lB_m\sin(\theta_r) \tag{1.6}$$

式中，F_{a1} 为作用在 a_1 边上的力；l 为电机长度。F_{a2} 是和 F_{a1} 大小相等、方向相反，作用于 a_2 边上的力，力耦 $F_{a1}-F_{a2}$ 产生的转矩为

$$T_a=F_{a1}r+F_{a2}r=2i_a lB_m r\sin(\theta_r) \tag{1.7}$$

式中，r 为电机的半径。利用相似的方法，可以得到作用在绕组 b 上的转矩为

$$T_b=-2i_a lB_m r\cos(\theta_r) \tag{1.8}$$

需要注意的是，由于绕组 a 和绕组 b 固定在齿槽中，因此，上述转矩不会使两个绕组旋转起来。但是，根据牛顿第三运动定律，会在转子上产生一个大小相等、方向相反的转矩，其大小为

$$T_R=2lB_m r[i_a\sin(\theta_r)-i_b\cos(\theta_r)] \tag{1.9}$$

在这种简单电机中，可以得到一些关于转矩产生情况的重要结论。假设两个定子绕组中流过正弦电流，分别为

$$\begin{aligned}i_a&=I_m\cos(\omega_e t+\alpha)\\ i_b&=I_m\sin(\omega_e t+\alpha)\end{aligned} \tag{1.10}$$

把以上电流代入到方程（1.9），有转矩表达式如下：

$$T_R=2lrB_m I_m\sin(\theta_r-\omega_e t-\alpha) \tag{1.11}$$

考虑以下两种情况：

1. $\omega_e=0$：该情况对应于定子绕组中通过直流电流。

在两个电流的作用下，产生一个峰值位于角度 α 处的磁场（图 1.6 中，$\alpha=45°$）。作用在转子上的转矩，试图使两个磁场的方向趋于一致。当两个磁场的方向一致时（$\alpha=\theta_r$），转矩就变为零。转子的磁场（B_m）越强、定子电流越大，转矩也越大。根据方程（1.11）可知，当两个磁场垂直时，产生的转矩最大，这个现象十分重要，将在第 3 章中看到，两个磁场垂直的情况是在直流电机中期望得到的情况，也是在控制交流电机的过程中模拟的一种磁场情况。

2. 如果定子电流的频率不为零，只有当转子也以角速度 ω_e 旋转时，即 $\theta_r=\omega_e t+\theta_0$，转子上的平均转矩才不为零，否则平均转矩为零。在这种情况下，定子电流产生一个以角速度 ω_e 旋转的磁场（见图 1.6），转子也以相同的转速旋转，两个磁场保持相对静止。两个磁场峰值的角度差决定了转矩的大小，这即是同步电机的运行原理，也是两个磁场方向趋于一致的另一个例子。

例 1.2　两个旋转磁场产生的转矩

考虑 1.4.1 节中的情况 2，在这种情况中，电机的平均直径为 10cm，转子长度为 20cm。转子磁场的 B_m 为 0.2T，定子电流的幅值为 30A。如果转子的转速和定

子磁场的转速相同，两个磁场的角度差为30°，为了维持转子转速和定子、转子磁场之间的角度差，求原动机需要产生的转矩。

解：

根据转矩方程（1.11），$T_R = 2lrB_mI_m\sin(\Delta\theta)$，$\Delta\theta$ 为两个磁场的角度，因此

$$T_R = 2\times0.2\times0.1\times0.2\times30\sin(30°) = 0.12\text{N}\cdot\text{m}$$

在该状态下，转子转速和定子磁场的转速相同，两者同步。

此处，可以直接使用相互作用定律，比较方便。但是，在有些时候，特别是当电机具有复杂的结构时，情况就不这么简单了，这时就要采用其他方法来计算力与转矩。

在1.4.2节，基于能量守恒原理，讨论了任意电机的能量转换问题，相关内容和方法具有物理意义明确、数学形式相对简单的特点。另一种力和转矩的计算方法，是基于Hamilton原理和Lagrangian力学提出的，具有比较抽象和复杂的形式。在本章的参考文献中，给出了一些文章，对这两种方法进行了更加深入的探讨。

1.4.2 基于能量守恒原理的能量转换分析

考虑一个电机系统，其中包含多个电气接口（无损绕组的接线端）和一个机械接口，如图1.9所示。对于多绕组和单机械单元的电机，通常可以用图1.9给出的结构来讨论。电气接口和机械接口通过电磁场联系起来，进行能量转换。在以下分析中，假设所有的子系统都是无损失的。在电磁场中产生的功率损失，或者被忽略，或者用外部元件来代替。现代的磁路系统都是利用高品质材料制造的，通常的材料是硅钢片，磁路损耗很小，忽略这种损耗不会对计算准确度产生显著影响。

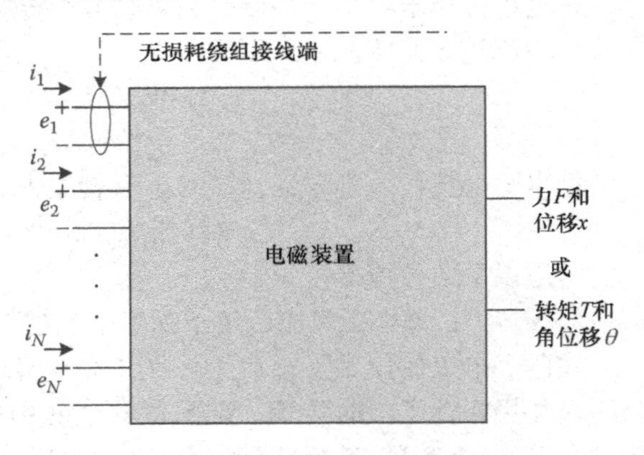

图1.9 多接口电机系统

利用无损耗假设，系统的输入能量增加，会导致磁场储能的增加和（或）输出能量的增加，有

$$\text{d}W_E = \text{d}W_F + \text{d}W_M \tag{1.12}$$

式中，$\text{d}W_E$、$\text{d}W_F$ 和 $\text{d}W_M$ 分别为输入电能增加量、磁场储能增加量和系统机械能输出增加量。方程（1.12）很直观地描述了电动机的能量平衡关系，只要恰当地改变机械能和电能的符号，该式对于发电机也是适用的。

用电压（e_j）、电流（i_j）、力（F）和位移（x）等变量表示电能和机械能，可得

$$dW_F = \underbrace{\sum_{j=1}^{N} e_j i_j dt}_{dW_E} - \underbrace{F dx}_{dW_M} \tag{1.13}$$

考虑在 dt 时间段内的能量变化，电压与磁链（λ_j）有如下关系［方程（1.3）］：

$$e_j = \frac{d\lambda_j}{dt} \tag{1.14}$$

对于多个绕组，通过一个绕组的磁链与所有绕组中的电流有关。磁路的几何结构（与系统中运动或旋转部分的位置有关），也影响着磁通分布，进而影响绕组中的磁链，因此，绕组 j 中的磁链是所有绕组中的电流和位置 x 的函数，即

$$\lambda_j = f_j(i_1, \cdots, i_N, x) \tag{1.15}$$

把方程（1.14）代入到方程（1.13）中，可得磁场储能增量

$$dW_F = \sum_{j=1}^{N} i_j d\lambda_j - F dx \tag{1.16}$$

在方程（1.16）中，求函数 $W_F(\lambda_1, \cdots, \lambda_N, x) = W_F(\lambda, x)$ 关于变量 λ_j 和 x 的全微分，经过推导可得

$$dW_F(\lambda_1, \cdots, \lambda_N, x) = \sum_{j=1}^{N} \frac{\partial W_F}{\partial \lambda_j} d\lambda_j + \frac{\partial W_F}{\partial x} dx \tag{1.17a}$$

$$i_j = \frac{\partial W_F}{\partial \lambda_j}$$

$$F = -\frac{\partial W_F}{\partial x} \tag{1.17b}$$

在全微分方程（1.17a）和（1.17b）中，让一个变量变化而其他变量保持不变，就可以得到该变量的偏导数。在方程（1.17b）中的第二个表达式中，给出了计算力的方法。为了利用该式，还需要磁场储能 $W_F(\lambda_1, \cdots, \lambda_N, x)$ 的表达式。由于无损失（守恒）系统中的磁场储能是一个状态函数，根据守恒（无损失）系统的假设，磁场储能仅仅是绕组磁链值（λ_j）和位置（x）的函数，而和磁场储能的变化路径无关，因此，可以选择任意路径得到在目前状态下的磁场储能。

选择积分路径的简便方法是：由（$\mathbf{0}$，$\mathbf{0}$）出发，每次只让一个变量发生变化，其他变量保持不变，一直到状态变为（$\boldsymbol{\lambda}_0$，$\boldsymbol{x}_0$）为止，有

$$\begin{aligned} W_F(\lambda_0, x_0) &= \int_{\lambda=0, x=0}^{\lambda=0, x=x_0} dW_F + \sum_{j=1}^{N} \int_{\substack{\lambda_j=0, x=x_0 \\ \lambda_k=\text{恒量}, k\neq j}}^{\lambda_j=\lambda_{j0}, x=x_0} dW_F \\ &= 0 + \sum_{j=1}^{N} \int_{\substack{\lambda_j=0, x=x_0 \\ \lambda_k=\text{恒量}, k\neq j}}^{\lambda_j=\lambda_{j0}, x=x_0} dW_F \end{aligned} \tag{1.18}$$

对于方程（1.18）中的第一个积分式，由于 $\lambda=0$，可得该积分的值为零，表明在没有磁场的情况下磁场储能为零。剩余积分项的积分路径为，每次改变一个磁链变量，保持其他变量为最近值不变而形成的积分路径。在这些积分项中，由于变量 $x=x_0$，因此，式（1.16）中的 $F\mathrm{d}x$ 总是为零。

除了数学的严谨性外，利用式（1.18）计算储能的主要困难在于，要得到 $\mathrm{d}W_{\mathrm{F}}$，就要知道以磁链和位置为自变量的电流表达式，即 $i_j(\lambda,\ x)$ ［参见方程(1.16)，其表明了 $\mathrm{d}W_{\mathrm{F}}$ 与 i_j 之间的关系］。对于绝大多数的电机，这个表达式难于得到，但比较容易得到以电流和位置为自变量的磁链表达式。因此，希望通过数学变换，以避免求解式（1.18），为此引入了磁共能（co - energy）的概念，其定义为

$$W'_{\mathrm{F}} = \sum_{j=1}^{N} \lambda_j i_j - W_{\mathrm{F}}(\lambda, x) \tag{1.19}$$

类似于磁场的储能，磁共能也是一个状态函数，可以看出

$$\begin{aligned} \mathrm{d}W'_{\mathrm{F}} &= \sum_{j=1}^{N} \mathrm{d}(\lambda_j i_j) - \mathrm{d}W_{\mathrm{F}}(\lambda, x) \\ &= \sum_{j=1}^{N} \mathrm{d}(\lambda_j i_j) - \sum_{j=1}^{N} i_j \mathrm{d}\lambda_j + F\mathrm{d}x = \sum_{j=1}^{N} \lambda_j \mathrm{d}i_j + F\mathrm{d}x \end{aligned} \tag{1.20}$$

而且有

$$\begin{aligned} \lambda_j &= \frac{\partial W'_{\mathrm{F}}}{\partial i_j} \\ F &= -\frac{\partial W'_{\mathrm{F}}}{\partial x} \end{aligned} \tag{1.21}$$

引入能或者共能的目的在于，计算出电气部分和机械部分通过磁场相互作用而产生的力。方程（1.17b）和方程（1.21）给出的力的表达式都是有效的，两式的计算结果相同，因此，可根据实际情况和方便程度，来选择采用哪种方法来计算力。

采用类似于磁场储能的推导过程，利用方程（1.20）可以得到磁共能的表达式，其具体形式如下。

$$\begin{aligned} W'_{\mathrm{F}}(\boldsymbol{i}_0, x_0) &= \int_{i=0,x=0}^{i=0,x=x_0} \mathrm{d}W'_{\mathrm{F}} + \sum_{j=1}^{N} \int_{\substack{i_j=0,x=x_0 \\ i_k=\text{恒量},k\neq j}}^{i_j=i_{j_0},x=x_0} \mathrm{d}W'_{\mathrm{F}} \\ &= 0 + \sum_{j=1}^{N} \int_{\substack{i_j=0,x=x_0 \\ i_k=\text{恒量},k\neq j}}^{i_j=i_{j_0},x=x_0} \mathrm{d}W_{\mathrm{F}} \end{aligned} \tag{1.22}$$

由于在磁共能的表达式中，仅需以电流为自变量的磁链函数，因此，与求式（1.18）的解相比，求解式（1.22）要容易得多，可以比较方便地得到式（1.22）

的解析表达式。

例 1.3　单励磁系统中的能量

对于单励磁的电机系统，给出磁场储能的积分路径。

解：

对于单励磁系统，储能的微分可以表示为 $\mathrm{d}W_{\mathrm{F}} = i\mathrm{d}\lambda - F\mathrm{d}x$。根据以上假设可知，积分路径与系统最终储能的大小无关，故可以沿着图中粗线所示路径，来计算系统储能。

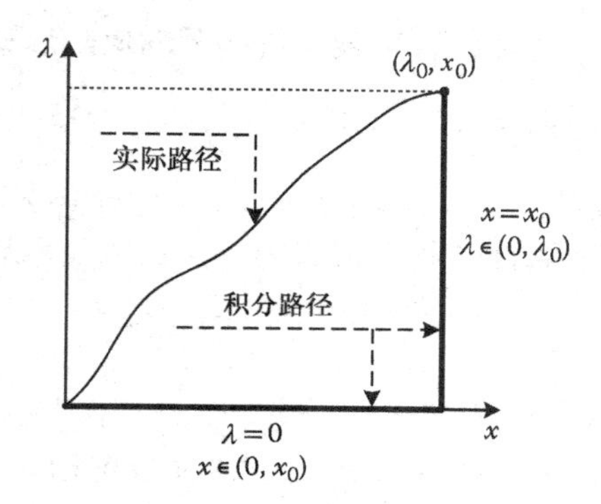

有

$$W_{\mathrm{F}} = \int_{\substack{x=0\\ \lambda=0}}^{x=x_0} (i\mathrm{d}\lambda - F\mathrm{d}x) + \int_{\substack{x=x_0\\ \lambda=0}}^{\lambda=\lambda_0} (i\mathrm{d}\lambda - F\mathrm{d}x)$$

$$= 0 + \int_{\substack{x=x_0\\ \lambda=0}}^{\lambda=\lambda_0} i\mathrm{d}\lambda$$

该积分的结果等于励磁曲线（如下图）左侧的面积，由下图所示的阴影增量区域，可以看出被积函数的变化情况。

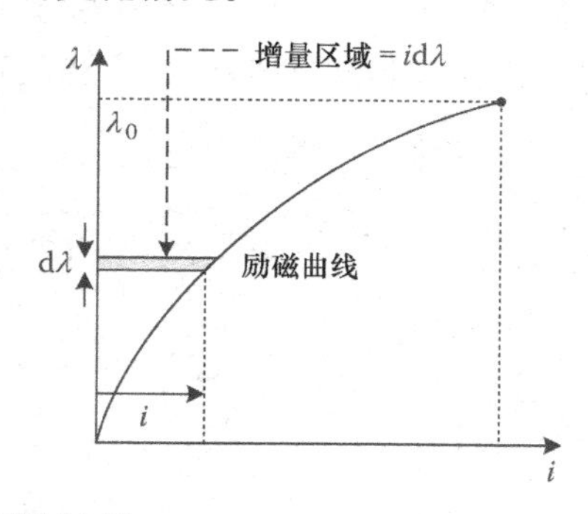

1.4.3　线性系统的能量转换

由于磁路饱和和磁滞现象，电机系统通常是一个非线性系统。然而，在分析电机系统时，忽略这些次要的非线性因素是十分有益的。下面针对线性电机系统进行

研究，在线性电机系统中，认为绕组的磁链是电流的线性函数，也就是

$$\lambda_j = \sum_{k=1}^{N} L_{jk}(x) i_k \tag{1.23}$$

式中，L_{jj}为绕组j的自感，$L_{jk}(j \neq k,\ L_{jk}=L_{kj})$ 是绕组j和绕组k之间的互感。利用方程（1.23），可以计算出磁共能［见方程（1.22）］。

$$W'_{\mathrm{F}}(\boldsymbol{i},x) = \frac{1}{2}\sum_{k=1}^{N} i_k \sum_{j=1}^{N} L_{kj}(x) i_j \tag{1.24}$$

把方程（1.23）和方程（1.24）表示成如下的矩阵形式：

$$\boldsymbol{\lambda} = \boldsymbol{L}(x)i, \boldsymbol{W}'_{\mathrm{F}} = \frac{1}{2}\boldsymbol{i}^T\boldsymbol{L}(x)\boldsymbol{i}$$

$$\boldsymbol{i} = [i_1,\ \cdots,\ i_N]^T, \boldsymbol{L}(x) = [L_{kj}(x)]_{N\times N} \tag{1.25}$$

式中，$\boldsymbol{L}(x)$为电感矩阵。到此为止，求力的表达式就很容易了。

$$F = \frac{\partial \boldsymbol{W}'_{\mathrm{F}}}{\partial x} = \frac{1}{2}\boldsymbol{i}^T \frac{\partial \boldsymbol{L}(x)}{\partial x}\boldsymbol{i} \tag{1.26}$$

与直线电机相比，常见的电机为旋转电机，产生的是转矩和旋转角度，而不是力和位移。如果把式（1.26）中的力F和位移x分别用转矩T和角度θ代替，就得到了关于旋转电机的表达式。

例 1.4　利用电感计算转矩

考虑如下图所示的两相电机，转子不是圆形转子，这种形式的转子通常称为凸极转子。当转子的位置变化后，线圈和转子的相对位置发生了变化，导致磁阻变化，线圈的电感变化。

定子绕组电感随转子位置的变化关系如下：

$$L_{\mathrm{a}}(\theta_{\mathrm{r}}) = L_1 + L_{\mathrm{m}}\cos(2\theta_{\mathrm{r}})$$

$$L_{\mathrm{b}}(\theta_{\mathrm{r}}) = L_1 - L_{\mathrm{m}}\cos(2\theta_{\mathrm{r}})$$

$$L_{\mathrm{ab}}(\theta_{\mathrm{r}}) = L_{\mathrm{ba}}(\theta_{\mathrm{r}}) = L_{\mathrm{m}}\sin(2\theta_{\mathrm{r}})$$

当定子绕组的电流分别为$i_{\mathrm{a}}(t)$和$i_{\mathrm{b}}(t)$时，写出转矩表达式。

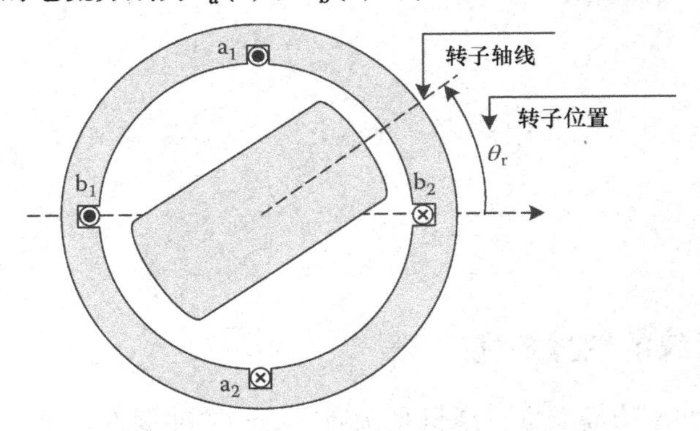

解：

本题所述系统为线性系统，故可以使用方程（1.26）来计算转矩。

$$
\begin{aligned}
T &= \frac{\partial W'_{\mathrm{F}}}{\partial \theta_{\mathrm{r}}} = \frac{1}{2}\boldsymbol{i}^{T}\frac{\partial \boldsymbol{L}(\theta_{\mathrm{r}})}{\partial \theta_{\mathrm{r}}}\boldsymbol{i} \\
&= \frac{1}{2}[i_{\mathrm{a}} \quad i_{\mathrm{b}}]\frac{\partial}{\partial \theta_{\mathrm{r}}}\begin{bmatrix} L_1 + L_{\mathrm{m}}\cos(2\theta_{\mathrm{r}}) & L_{\mathrm{m}}\sin(2\theta_{\mathrm{r}}) \\ L_{\mathrm{m}}\sin(2\theta_{\mathrm{r}}) & L_1 - L_{\mathrm{m}}\cos(2\theta_{\mathrm{r}}) \end{bmatrix}\begin{bmatrix} i_{\mathrm{a}} \\ i_{\mathrm{b}} \end{bmatrix} \\
&= 2i_{\mathrm{a}}i_{\mathrm{b}}L_{\mathrm{m}}\cos(2\theta_{\mathrm{r}}) + i_{\mathrm{b}}^2 L_{\mathrm{m}}\sin(2\theta_{\mathrm{r}}) - i_{\mathrm{a}}^2 L_{\mathrm{m}}\sin(2\theta_{\mathrm{r}})
\end{aligned}
$$

应根据不同电机，选择合适的方法计算转矩。但是无论采用何种方法，只要使用正确都能得到正确的结果。在以后的章节中，将灵活使用这些方法对旋转电机进行分析。

1.5　磁路的非线性现象

磁路的作用在于决定着磁链的流通路径，同时决定着系统的能量转换过程。在能量转换过程中，这两个基本作用高度关联，是否能够实现能量的高效转换取决于电机磁路设计的是否合理。在成功设计的磁路中，载流线圈产生的磁通或永磁体产生的磁通被严格限制在磁路里，沿着磁阻低的路径流动。使用高品质的磁性材料，可以更有效的实现设计目标，同时减小电机的铁心损耗。

考虑如图 1.10 所示的一个基本磁路。该磁路包括一个 N 匝的绕组，绕组缠绕在高导磁材料制作的环形铁心上。当电流流过绕组，则会建立磁场，产生磁通。根据与绕组的铰链情况，可以将磁通分成两部分：①被严格限制在铁心内部的磁通（$\boldsymbol{\Phi}_{\mathrm{m}}$）；②路径为铁心周围非磁性材料的磁通（$\boldsymbol{\Phi}_{1}$，例如空气）。$\boldsymbol{\Phi}_{1}$ 为漏磁通，$\boldsymbol{\Phi}_{\mathrm{m}}$ 是期望得到的磁通。为简单起见，图 1.10 中只给出了部分绕组的漏磁通。$\boldsymbol{\Phi}_{\mathrm{m}}$ 和 $\boldsymbol{\Phi}_{1}$ 的性质不同，故要区别对待。如果在同一个铁心上还有第二个线圈，那么只有磁通 $\boldsymbol{\Phi}_{\mathrm{m}}$ 和第二个线圈铰链。由于磁通 $\boldsymbol{\Phi}_{\mathrm{m}}$ 的路径为非线性铁心，非线性现象（例如铁心饱和和磁滞现象）仅对磁通 $\boldsymbol{\Phi}_{\mathrm{m}}$ 产生影响。漏磁通 $\boldsymbol{\Phi}_{1}$ 的路径不通过非线性铁心，故其和电流 i 之间存在着线性关系。为了得到分析磁路的理论框架，采用以下方式表示磁链：

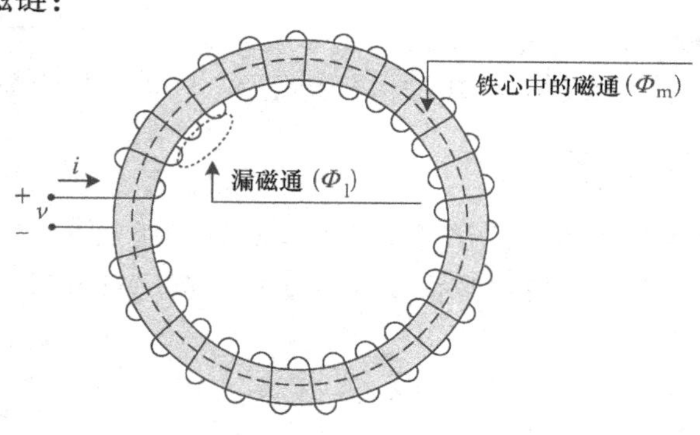

图 1.10　环形铁心磁路

$$\lambda = N(\Phi_1 + \Phi_m) = \lambda_1 + \lambda_m \tag{1.27}$$

假设铁心为非线性铁心，并可用一个非线性函数，来描述磁链 λ_m 和励磁电流 i 之间的关系：

$$\lambda_m = g(i) \tag{1.28}$$

用函数的方法来描述铁心的饱和现象是可以的，与 Φ_1 对应的磁链 λ_1 和励磁电流之间存在着线性关系，可表示如下：

$$\lambda_1 = L_l i \tag{1.29}$$

式中，L_l 为绕组的漏感。

绕组端电压可以表示为

$$v = ri + \frac{d\lambda}{dt} \tag{1.30}$$

由方程（1.28）可知，方程（1.30）为一个非线性微分方程。通常用励磁曲线来描述方程（1.28）表示的非线性特性，因此如果铁心没有运行在线性区，那么获得方程（1.30）的显式解是不切合实际的。由 1.5.1 节到 1.5.3 节，将讨论如何求解方程（1.30）的问题，首先将针对线性铁心（或者没有进入饱和区的非线性铁心）进行讨论，然后将针对饱和情况进行讨论。

1.5.1 线性铁心的解

假设铁心为线性铁心，即方程（1.28）给出的磁链和电流之间的关系，能够用一个线性函数表示为

$$\lambda_m = L_m i \tag{1.31}$$

式中，L_m 为铁心的励磁电感。对于运行于线性区的非线性铁心，L_m 可近似为励磁曲线在线性部分的斜率。把方程（1.29）和（1.31）代入到方程（1.30）中，可得如下的微分方程，该方程就是简单 RL 电路的微分方程。

$$v = ri + \frac{d\lambda}{dt} = ri + (L_m + L_1)\frac{di}{dt} \tag{1.32}$$

该方程可以表示为一个等效电路，该等效电路代表一个缠绕在铁心上的线圈，如图 1.11 所示。

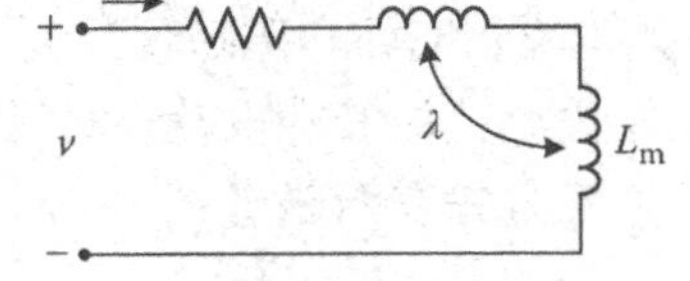

图 1.11 线性磁路的等效电路

1.5.2 非线性铁心的解

考虑饱和引起的非线性时，方程（1.30）的解不如式（1.32）所示的那样明确，经常需要使用数字积分技术来得到相关变量的解。对方程（1.30）进行变形可得

$$\frac{d\lambda}{dt} = v - ri \tag{1.33}$$

利用 Euler 公式，对微分项进行数值估计有

$$\lambda(t+\Delta t)\approx\lambda(t)+\left.\frac{\mathrm{d}\lambda}{\mathrm{d}t}\right|_{t}\Delta t \approx\lambda(t)+[v(t)-ri(t)]\Delta t \tag{1.34}$$

上式（1.34）是根据 t 时刻的磁链值，估计在 $t+\Delta t$ 时刻的磁链值，当已知 $t+\Delta t$ 时刻的磁链值后，要用这个值更新绕组电流值 $i(t+\Delta t)$，以便求解 $t+2\Delta t$ 时刻的磁链值，方程可继续求解以得到新的磁链值。假设

$$\lambda=L_l i+\lambda_{\mathrm{m}}=L_l i+g(i) \tag{1.35}$$

要得到绕组的电流值，需要利用方程（1.35）。励磁曲线经过处理后，可以得到多组（i，λ）数据，把曲线数据和 $L_l i$ 相加，则可以得到方程（1.35）的右项，然后可以利用插值法得到与 λ 对应的 i，求解过程如图 1.12 所示。

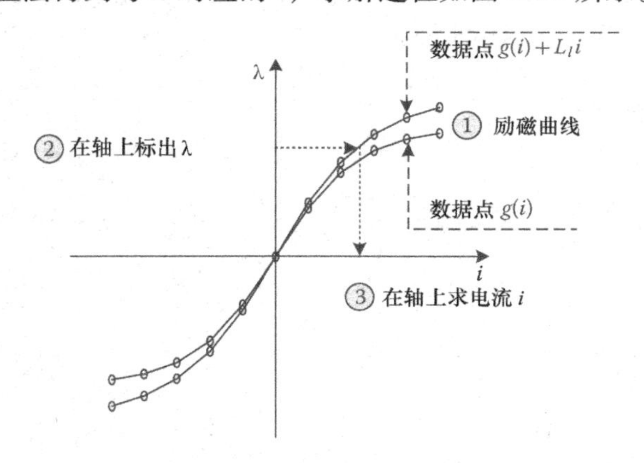

图 1.12　由 λ 求 i 的过程图解

值得一提的是，原始励磁曲线仅需初始化一次，在以后的每次迭代过程中，利用这些数据点和方程（1.35）就可以得到新的电流值和新的磁链值。

例 1.5　非线性铁心仿真

考虑一个类似于图 1.10 所示的磁路，其铁心的形状为环形，环形的内径为 5cm，外径为 6cm。绕组的匝数为 200，铁心材料的 $B-H$ 曲线如下表所示：

B(T)	0	0.6	0.9	1.02	1.11	1.2	1.25	1.28	1.3
H(A/m)	0	100	200	300	400	500	600	700	800

绕组电压为正弦交流电压，电压的有效值为 30V，频率为 60Hz，漏感为 10mH，电阻为 1.0Ω，建立磁场方程，并求绕组电流和磁链的数值解。

解： 如果利用 1.5.2 节给出的步骤进行求解，首先需要得到 $\lambda-i$ 形式的励磁曲线，由于

$$i=\frac{H\cdot l}{N}$$

式中，$l=2\pi\bar{r}$为铁心的平均长度；$\bar{r}$为铁心的平均半径；N 为绕组的匝数。

$$l=2\pi\frac{0.05+0.06}{2}=0.346\text{m}\qquad i=\frac{0.346}{200}\text{H}=0.0017\text{H}$$

由于 $\lambda=N\Phi=NBA$，Φ 为磁通，A 为截面面积，因此有

$$\lambda=200\left[\pi\left(\frac{0.06-0.05}{2}\right)^2\right]\text{B}=0.0157\text{B}$$

根据以上的变换，可以得到如下表所示的 $\lambda-i$ 曲线。

λ(Wb)	0	0.0094	0.014	0.016	0.0174	0.0188	0.0196	0.02	0.0204
i(A)	0	0.17	0.34	0.51	0.69	0.86	1.04	1.2	1.38

利用 1.5.2 节给出的步骤进行求解，可得磁链和电流的时域数值解［方程（1.34）和方程（1.35）］，得如下曲线：

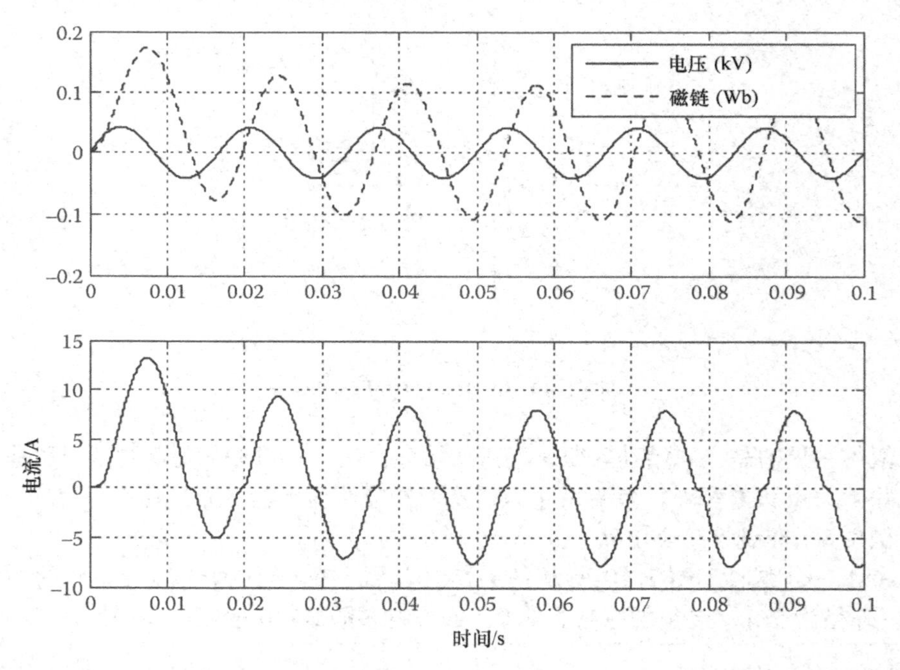

由上图可以看出，绕组的端电压和磁链都是正弦波，然而，在铁心非线性特性的作用下，电流波形发生了扭曲。

1.5.3 考虑磁滞因素

在 1.5.2 节中所述的内容中，铁心的非线性仅涉及了磁性材料的饱和特性。在实际应用中，对于铁心，不仅要考虑饱和因素而且还要考虑磁滞因素。同时对两种因素的共同影响进行仿真，同时对两种因素的共同影响进行仿真是比较困难的，目

前有几种方法，采用数值鲁棒的方式来对其进行仿真。

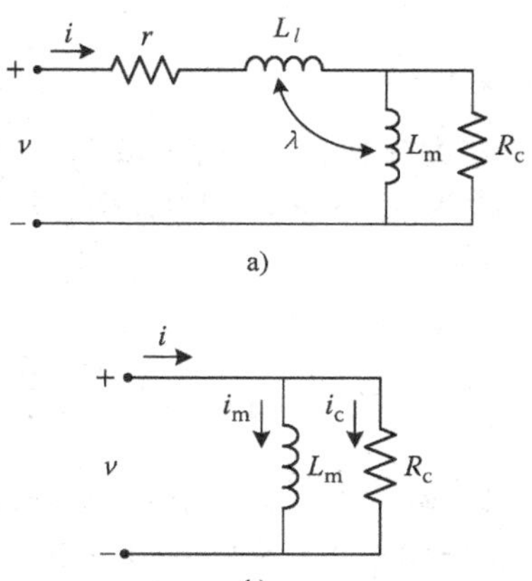

图 1.13　考虑磁滞的情况
a）带有线圈电阻、漏感并考虑铁心磁滞的等效电路
b）简化后的等效电路

考虑如图 1.13a 所示的简化等效电路，该等效电路类似于图 1.11 所示的等效电路，两者的区别在于，在图 1.13 中增加了一个和励磁电感并联的电阻 R_c。忽略线圈电阻 r 和漏感 L_l 的影响，得到的等效电路如图 1.13b 所示。下面研究增加这个分流电阻 R_c 的意义。

图 1.14 给出了在正弦电压激励下，绕组磁链 $L_m i_m(t)$ 和绕组电流 $i(t)$ 之间的关系，可见得到的 $\lambda-i$ 曲线不再是一条直线，而是一个具有滞环特性的椭圆形状。不考虑磁滞情况时，线性铁心的 $\lambda-i$ 曲线则是一条直线。由于未考虑饱和因素，当电流值较大时，得到的滞环曲线没有表现出饱和现象。椭圆的形状（例如倾斜角度、面积等）则是由电阻 R_c 决定的。假设滞环的面积对应着铁心的滞环损耗，则可以通过调整 R_c 的值，使得铁心损耗与滞环面积一致。

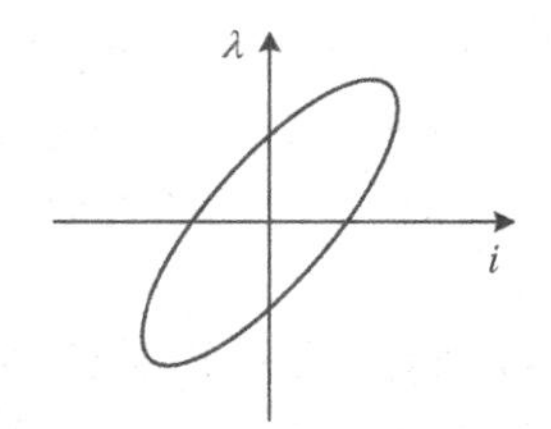

图 1.14　图 1.13b 对应的磁滞回线

综上所述，在励磁电感旁并联电阻 R_c，是一种在 $\lambda-i$ 曲线上引入滞环因素的简单方法。在本章习题中，将定量地研究并联电阻与滞环面积和铁心损耗的关系，并分析滞环因素与饱和因素对系统的共同影响。

1.6　结束语

到此为止，读者应该清楚地认识到了感应定律和相互作用定律在分析电机系统时的重要作用。关于这些重要的定律，有许多非常优秀的书籍进行了阐述，有些书深入地讨论了定律的物理意义，还有些书以电机为应用背景对这些定律进行阐述[3,4]。本章参考文献所列书籍对这一主题进行了很好的阐述。

关于能量转换分析，不同学者采用了多种不同的方法。本章的方法是基于文献［1］给出的，这种方法具有良好的数学严谨性。文献［2］和［5］给出了一些其他的分析方法，这些方法也是基于磁场储能变化和接口能量提出的。文献［6］给出了一种基于 Hamilton 原理和拉格朗日力学的严谨数学方法。

习 题

1. 如下图所示，一个永磁体放置于外部磁场中，永磁体产生的磁场可以建模为如图所示的带电载流体。利用相互作用定律，说明永磁体会受到一个使其磁场与外部磁场方向一致的力。

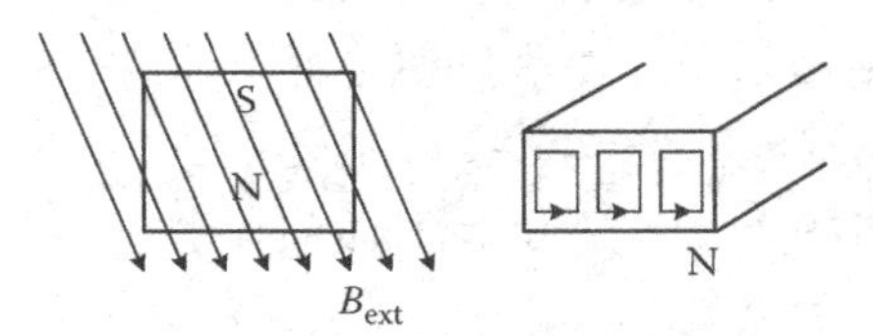

2. 解释为什么高导磁率材料表面的磁场，其方向近似垂直于表面。

3. 理想线性线圈的电感为常数 L，磁通按正弦规律变化，$\phi(t)=\phi_m\sin(\omega t)$，确定：

a. 线圈两端由于磁链变化产生的电压。

b. 流过线圈的电流。

注意磁链的峰值和电压的峰值是成正比的，如果电感值趋近于无穷大（对应于电感铁心具有理想特性）会出现什么情况？

4. 对于具有线性 $\lambda-i$ 特性的单励磁系统，在 $\lambda-i$ 坐标系中，标出对应于磁场储能和磁共能的区域，并说明两者是相等的。

5. 对方程（1.18）进行改进，使之适用于双励磁系统，并在三维坐标系中给出积分路径。

6. 例 1.4 中的相电流分别为 $i_a(t)=I_m\cos(\omega t+\alpha)$、$i_b(t)=I_m\sin(\omega t+\alpha)$，写出电机转矩表达式，确定平均转矩。

7. 确定习题 6 中的旋转方向。

8. 电流 $i_a(t)=I_m\cos(\omega t)$、$i_b(t)=I_m\cos(\omega t+\alpha)$，重做习题 6，且完成以下问题：

a. 确定平均转矩不等于 0 的条件。

b. 确定最大平均转矩对应的相角 α。

9. 在类似于图 1.10 给出的磁路中，同一铁心上包含两个匝数分别为 N_1 和 N_2 的绕组，两个绕组的电流分别为 i_1 和 i_2，在以下条件下，写出该两绕组变压器的方程。

a. 铁心具有线性特性。

b. 铁心具有非线性特性。

针对上述两种情况，画出等效电路。针对非线性情况，给出数值解。

10. 对于习题 9 中的两绕组变压器，铁心为非线性铁心，一次绕组和铁心参数同例 1.5，二次绕组的匝数为 100 匝，漏感为 2mH，电阻为 1Ω。一次电压的有效值为 100V，频率为 60Hz，二次侧连接 15Ω 的电阻，求一次电流波形和磁链波形。

11. 针对习题 10 中的电路，当系统稳态运行时，模拟二次侧故障，把负载电阻突然减小为 1Ω，求一次侧在瞬态和稳态时的电流波形和磁链波形。

12. 对于图 1.13b 所示的等效电路，考虑其正弦稳态情况，$\lambda=L_m i_m$，写出 $\lambda-i$ 的解析表达式，说明并联电阻值如何影响曲线的形状。

13. 在例 1.5 中的等效电路上，增加表征磁滞损耗的并联电阻，针对并联电阻分别为 50Ω、100Ω、200Ω 时，进行仿真，并对仿真结果进行比较。说明并联电阻的阻值对 $\lambda-i$ 曲线的影响，给出稳态时不同阻值对应的损耗。

参考文献

1. A. E. Fitzgerald, C. Kingsley, S. D. Umans, *Electric Machinery*, sixth edition, Boston, McGraw-Hill, 2003.
2. P. C. Sen, *Principles of Electric Machine and Power Electronics*, second edition, New York, John Wiley and Sons, 1997.
3. P. L. Alger, *The Nature of Induction Machines*, New York, Gordon and Breach, 1965.
4. G. R. Slemon, *Magnetoelectric Devices: Transducers, Transformers and Machines*, New York, John Wiley and Sons, 1966.
5. P. C. Krause, O. Wasynczuk, S. D. Sudhoff, *Analysis of Electric Machinery and Drive Systems*, second edition, New York, Wiley Interscience, 2002.
6. D. C. White, H. H. Woodson, *Electromechanical Energy Conversion*, New York, John Wiley and Sons, 1959.

第 2 章　交流电机原理

2.1　引言

本章介绍交流（AC）电机的基本原理和特性，将对绕组的布置、气隙磁动势（magnetomotive force，mmf）的产生和空间分布、交流电机绕组的感应电压和电流等内容进行详细介绍。从本质上讲，交流电机是电感的组合，电感通过磁场互相耦合，并且电感量随着转子位置的变化而变化。本章介绍了计算电机电感的方法。本章的内容是交流电机建模、分析和控制的基础。

2.2　交流电机绕组的布置

交流电机形式多样，复杂程度也不尽相同，绕组的布置不仅影响磁动势的产生，而且影响旋转磁场在绕组中产生的感应电压、绕组的耦合关系和电机电感的大小。下面分析简单的集中绕组，并对其产生的磁动势进行分析。

2.2.1　集中绕组

图 2.1 给出了固定于两个定子齿槽中的集中绕组，且两个齿槽间隔 180°机械角度。

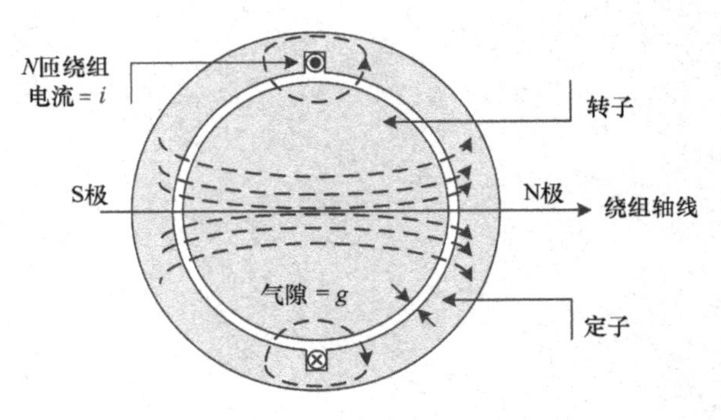

图 2.1　集中绕组

绕组的匝数为 N 匝，绕组中的电流 i 随时间变化。在某一瞬时，电流的情况如图 2.1 所示，绕组上边电流的方向为流出纸面，下边电流的方向为流入纸面。根据右手定则，产生的磁力线如图 2.1 中的虚线所示，产生的磁场类似于一个具有 NS

极的磁体，NS 极的位置如图 2.1 所示。磁力线在绕组两侧形成闭合回路，为清晰起见，没有画出所有的闭合回路。

由于定子和转子用高磁导率材料制成，磁力线通过低磁阻的定子和转子。气隙是整个回路中的唯一没有磁性材料的部分，但是其长度比整个路径小得多。根据安培环路定律，可以确定出集中绕组产生的气隙磁动势，沿着图 2.2 中用虚线给出的路径积分，可得：

$$\oint \boldsymbol{H}\mathrm{d}l = i_{\text{encircled}} = Ni \tag{2.1}$$

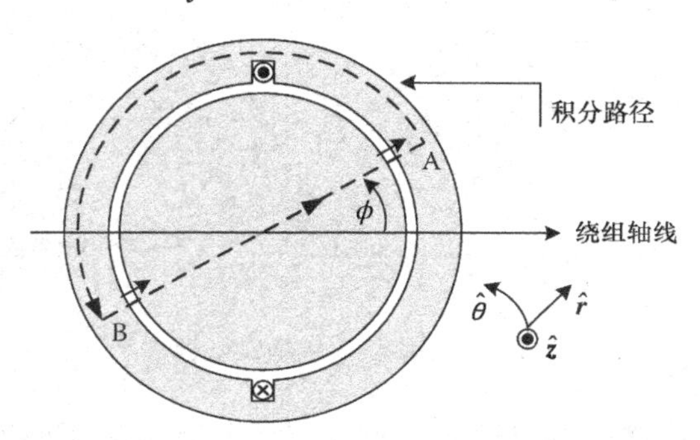

图 2.2　计算集中绕组的磁动势

在求解这个积分的过程中，需要用到以下两个性质：

1. 与在空气中建立磁通相比，在铁磁材料中建立磁通所需磁动势要小得多，因此，可以忽略磁性材料中的积分部分，即忽略对应于磁性材料的 H，也就是建立磁场所需的磁动势基本上用来克服气隙磁阻。

2. 在气隙中，磁场强度矢量（$\boldsymbol{H}$）的方向为直径方向，$\boldsymbol{H}$ 在 B 点的方向为指向圆心，在 A 点的方向为远离圆心，在 B 点和 A 点之间的积分路径为通过圆心的直径，因此

$$\oint \boldsymbol{H}\mathrm{d}l = 2\boldsymbol{H}\cdot g = 2\mathrm{mmf}(\phi) = Ni \tag{2.2}$$

式中，$\boldsymbol{H}$ 为磁场强度；g 为气隙长度。由于结构的对称性，$\boldsymbol{H}$ 在气隙中的磁路也是对称的，即 $\boldsymbol{H}$ 在气隙中的大小是一样的，但是方向是变化的。因此，集中绕组产生的气隙磁动势具有图 2.3 所示的形式。

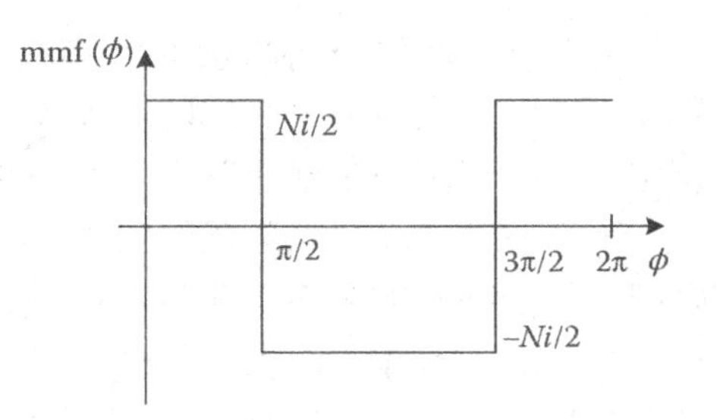

图 2.3　集中绕组产生的磁动势变化情况

利用磁动势，可以得到磁场强度的如下表达式：

$$\boldsymbol{H} = [\mathrm{mmf}(\phi)/g]\hat{\boldsymbol{r}} = \boldsymbol{H}(\phi)\hat{\boldsymbol{r}} \tag{2.3}$$

磁场强度也具有类似于磁动势的方波形

式，波形中包含基波分量和谐波分量，利用傅里叶分析可以得到各个频率分量的幅值。

$$\mathrm{mmf}_h = \frac{4}{h\pi}\left(\frac{Ni}{2}\right) = \frac{2}{h\pi}Ni,\ h\ \text{为奇数} \tag{2.4}$$

式中，h 为谐波的次数（$h=1$ 对应于基波），mmf_h 为 h 次谐波分量的幅值。图 2.4 给出了基波、3 次谐波和 5 次谐波的波形。这些谐波为空间谐波分量，图 2.4 中给出的是 mmf 的谐波成分在气隙中随角位置的变化波形。

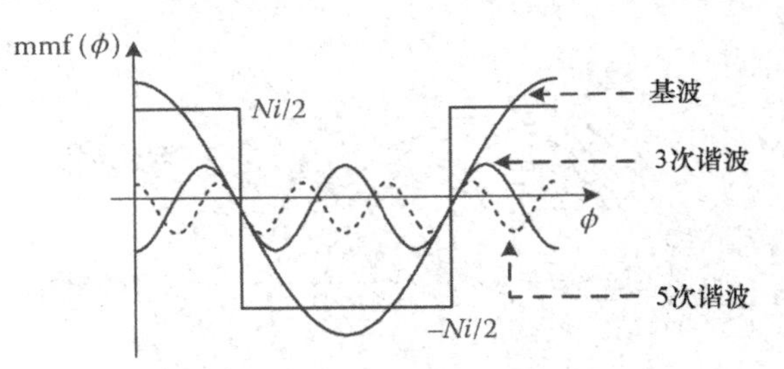

图 2.4　集中绕组的磁动势谐波

以上给出的是当绕组电流不变时，磁动势的分布情况（见图 2.1，正电流从绕组的上边流出，从绕组下边流入）。当电流的幅值或方向发生变化时（例如，当交流电流流过绕组），在图 2.3 中，mmf 的幅值就会发生变化，当电流反向时，mmf 就会沿着水平轴翻转。

由方程（2.4）可见，mmf 低次谐波的幅值较大，这不是所期望的。例如，5 次谐波的幅值是基波幅值的 20%。为了减小 mmf 波形中的低次谐波成分，可以按其他形式布置绕组。在 2.2.2 节和 2.2.3 节，将对短距绕组和分布式绕组进行介绍，这两种绕组布置形式有利于改善空间谐波。在理想情况下，绕组产生的 mmf 在空间中按正弦波分布。让 mmf 在空间中按近似正弦规律分布，具有非常重要的实际意义，该问题将在本章的习题部分进行研究。

2.2.2　短距绕组

集中绕组的两个边间隔 180°机械角度，因此这种绕组又被称为整距绕组，如图 2.1 所示，集中绕组产生的 mmf 类似于一个具有相等极面积的磁体。对于集中绕组，整个气隙的一半为 N 极，另一半为 S 极。

下面观察一下非整距绕组的情况，在图 2.5 中，给出了一个节距减少了 $\gamma°$ 的绕组，绕组的匝数为 N，电流为 i。

尽管这种布置方法是不对称的，不具有实用性，但它具有一个重要特性，通过这个特性可以找到一种改进气隙 mmf 空间分布的方法。绕组产生的磁力线有趋向于磁阻最小路径的特性，对于一个给定方向的电流，短矩绕组产生的磁力线类似于图 2.1 中的磁力线，其中右部气隙（$-\pi/2-\gamma<\phi<\pi/2$）如同 N 极，左部气隙

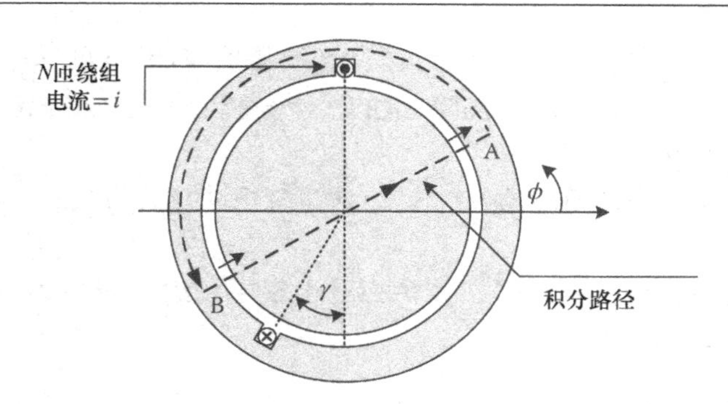

图 2.5　短距绕组

（$\pi/2<\phi<3\pi/2-\gamma$）如同 S 极。N 极的面积大于 S 极的面积，由于通过 N 极的磁通等于通过 S 极的磁通，则 N 极的磁通密度就小于 S 极的磁通密度。与集中绕组不同，在图 2.5 中 A 点、B 点处的磁通密度是不相等的。

下面的两个式子，分别表示短距绕组的安培环路定律、N 极磁通等于 S 极磁通。

$$\begin{aligned} \oint \boldsymbol{H} \mathrm{d}l &= H_{\mathrm{A}}g + H_{\mathrm{B}}g = Ni \\ \mu_0 H_{\mathrm{A}} r(\pi+\gamma) l &= \mu_0 H_{\mathrm{B}} r(\pi-\gamma) l \end{aligned} \tag{2.5}$$

式中，l 为气隙长度；r 为气隙半径。

通过解方程（2.5），可以得到短矩绕组的 mmf，如图 2.6 所示。

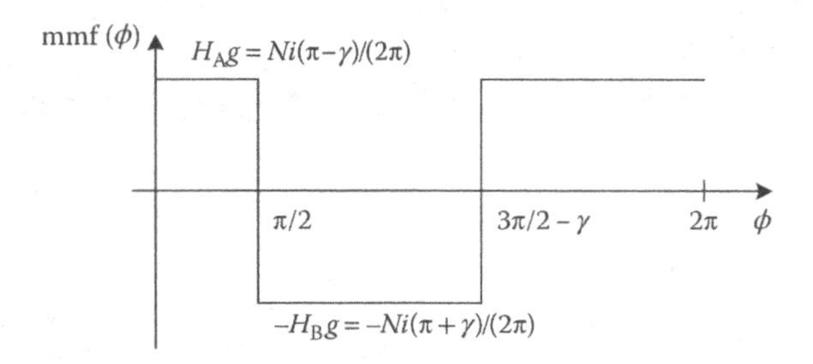

图 2.6　短矩绕组产生的磁动势变化情况

利用傅里叶分析，可得 mmf 的基波幅值为 $\mathrm{mmf}_1=2Ni\cos(\gamma/2)/\pi$，也很容易得到各次谐波的幅值，基波和谐波的幅值都与 γ 有关。为此，就可以利用 γ，来抑制低次谐波分量，以改进 mmf 的波形质量。

在相同电流下，绕组 mmf 基波幅值与集中绕组 mmf 基波幅值的比值被称为绕组系数。短距绕组的绕组系数为

$$f_w=\frac{\mathrm{mmf}_1}{\mathrm{mmf}_{集中}}=\frac{\dfrac{2}{\pi}Ni\cos\left(\dfrac{\gamma}{2}\right)}{\dfrac{2}{\pi}Ni}=\cos\left(\frac{\gamma}{2}\right) \tag{2.6}$$

如果角度 γ 不为零,则短矩绕组 mmf 的基波幅值有所下降，是集中绕组基波幅值的 cos（$\gamma/2$）倍，因此，改进谐波频谱的代价是减少了基波的幅值。

例 2.1　短矩绕组

已知短矩绕组减小的节距角 $\gamma=12°$，求该绕组的绕组系数。

解:

绕组系数为 $\cos(6°)=0.995$，表明相对于集中绕组 mmf 的基波幅值，该短矩绕组 mmf 的基波幅值仅减小了 0.5%。

2.2.3　分布式绕组

为了更加灵活地构造 mmf 的谐波频谱，实际电机使用的是分布式绕组。如图 2.7 所示，一个绕组分布在 3 个上齿槽和 3 个下齿槽中，每个齿槽中的匝数为总匝数的 1/3，图 2.7 给出的绕组布置仅是分布式绕组的一种形式，例如，还可以使用双层绕组，或者把绕组放置于更多的齿槽中，将在本章例题和习题中对这些情况进行研究。

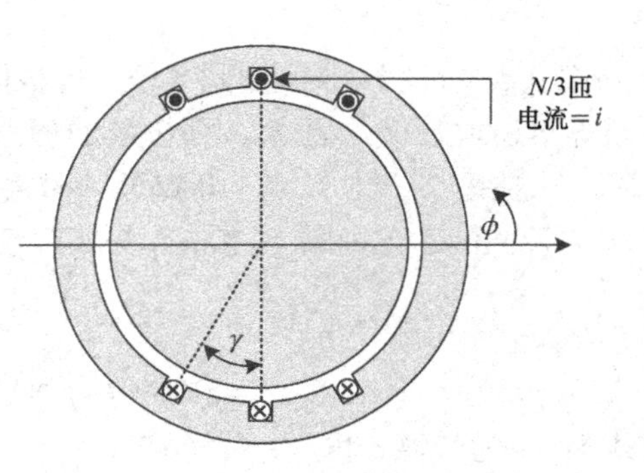

图 2.7　分布式绕组

利用与上文相同的方法，可以得到分布式绕组的气隙磁动势如图 2.8 所示。

与集中绕组相比，该绕组产生的阶梯状 mmf 更逼近于正弦波，因此，减小了低次谐波的幅值。

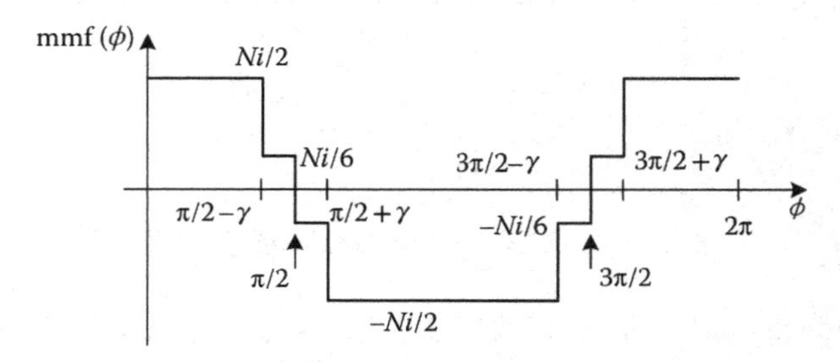

图 2.8　分布式绕组产生的磁动势变化情况

把绕组分布于多个相邻的齿槽中，改善了 mmf 的谐波频谱，然而，如同短矩绕组一样，也减小了基波的幅值，这体现在分布式绕组的绕组系数上。例如，图 2.7 中的分布式绕组 mmf 的基波幅值为

$$\text{mmf}_1=\frac{2}{3\pi}Ni(1+2\cos\gamma) \tag{2.7}$$

因此，绕组系数为

$$f_w=\frac{\mathrm{mmf}_1}{\mathrm{mmf}_{集中}}=\frac{\frac{2}{3\pi}Ni(1+2\cos\gamma)}{\frac{2}{\pi}Ni}=\frac{1+2\cos\gamma}{3} \tag{2.8}$$

如果角度 γ 不等于零，则分布式绕组的绕组系数小于 1，但是，分布式绕组改进了 mmf 的谐波频谱。

为了增加气隙 mmf 的基波分量，同时尽量减小低次谐波，以产生一个逼近于正弦波形的气隙 mmf，到此为止，研究了三种绕组布置方式。

实际上，用有限的齿槽是不可能得到按标准正弦分布的 mmf 的，但假设存在一个能够产生按正弦分布 mmf 的绕组，对其进行研究，是具有一定指导意义的。下面将介绍一种理想绕组——正弦分布式绕组，在后文，会看到用正弦分布式绕组来替代分布式绕组，非常有利于对电机进行建模和分析，故在实际中被广泛应用。

2.2.4　正弦分布式绕组

图 2.9 给出了正弦分布式绕组的示意图，绕组总匝数为 N。如果真正要实现这样的绕组需要无限多的齿槽，每一个齿槽容纳不同匝数的线圈，具体的线圈匝数取决于齿槽所处的位置角，因此，正弦分布式绕组在现实中是不能实现的。

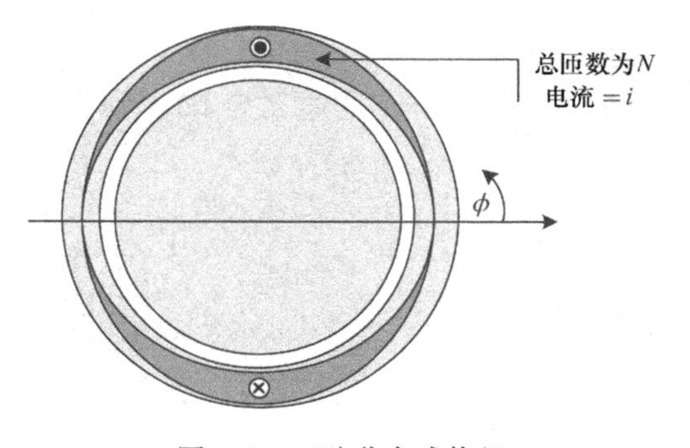

图 2.9　正弦分布式绕组

正弦分布式绕组的匝数密度具有如下的表达式：

$$n(\phi)=|N_0\sin(\phi)| \tag{2.9}$$

式中，$n(\phi)$ 为匝数密度；N_0 为峰值密度。必须对 N_0 进行正确的设置，以保证绕组的总匝数为 N。在角度 ϕ 处，无限小的角度区间 $\mathrm{d}\phi$ 内的绕组匝数为 $n(\phi)\mathrm{d}\phi$，因此有

$$N=\int_0^{\pi}n(\phi)\mathrm{d}\phi=\int_0^{\pi}N_0\sin\phi\mathrm{d}\phi=2N_0 \tag{2.10}$$

上式（2.10）建立了绕组的总匝数 N 和峰值密度 N_0 之间的联系。正弦分布式绕组产生的气隙 mmf 具有如下的表达式（积分路径类似于图 2.2 给出的路径）。

$$\begin{aligned}2\mathrm{mmf}(\phi)&=\oint \boldsymbol{H}\mathrm{d}l=i_{encircled}=\int_{\phi}^{\pi}(+i)n(\phi)\mathrm{d}\phi+\int_{\pi}^{\pi+\phi}(-i)n(\phi)\mathrm{d}\phi\\&=\int_{\phi}^{\pi+\phi}iN_0\sin\phi\mathrm{d}\phi=\int_{\phi}^{\pi+\phi}i\frac{N}{2}\sin\phi\mathrm{d}\phi\end{aligned}$$

因此

$$\mathrm{mmf}(\phi)=\frac{Ni}{2}\cos\phi \tag{2.11}$$

由上式（2.11）可见，正弦分布式绕组在气隙中产生的 mmf 是按正弦分布的，如果流过绕组的电流是时变的，时变的电流将改变空间正弦波（mmf）的幅值。因此，按时间变化的电流与在空间变化的 mmf 是有区别的，要特别注意区分。

例 2.2　等效正弦分布式绕组

考虑如下图所示的分布式绕组，共 4 组导体，每组 25 个导体，具体情况如下图所示，求：

1. 该绕组产生的气隙 mmf；
2. 与该绕组等效的正弦分布式绕组。

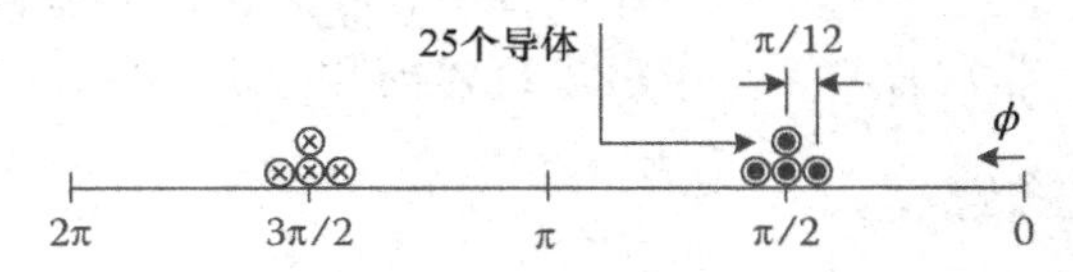

解：

假设每个导体上的电流为 1A，则该绕组产生的气隙 mmf 如下图所示。

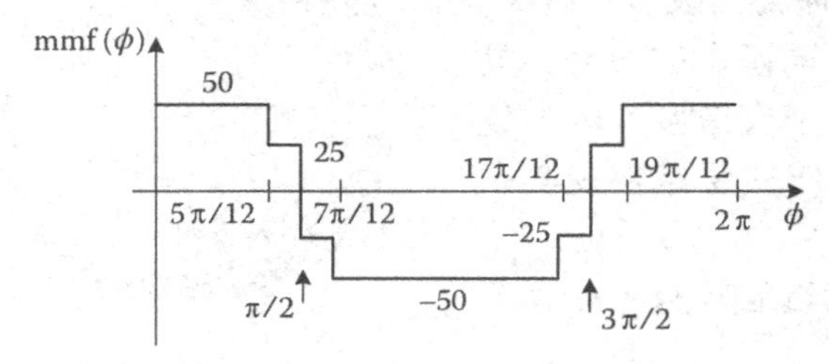

对以上 mmf 进行傅里叶分析，得到基波的幅值为 62.58 安匝。一个具有 N 匝的正弦分布式绕组产生的正弦 mmf 的幅值为 $N/2$［方程（2.11），其中每匝中的电流为 1A］。为了使正弦分布式绕组产生的 mmf 的幅值等于 62.58 安匝，有

$$\frac{N}{2}=62.58\Rightarrow N=125.16\text{ 匝}$$

2.3　多相电机的绕组

前文所研究的绕组可以作为多相电机的一相绕组，绕组导体中的电流都相等，产生的 mmf 由电流和绕组导体的排列方式决定。

对于多相电机需要使用多个绕组，每个绕组被布置在正确的定子（转子）齿槽中，不同绕组之间还要保持合适的间隔。

2.3.1　三相集中绕组

考虑一台两极、三相电机，每相绕组都是集中绕组，由图2.10可以看出各绕组之间的相对位置关系。

定子的内圆周被分成了6（2极×3相）等份，每一个等份称为一个相带，相带间隔为60°。每个绕组的两个边，被放置在对应相带的中心，由于绕组为集中绕组，两边之间的角度间隔为180°。

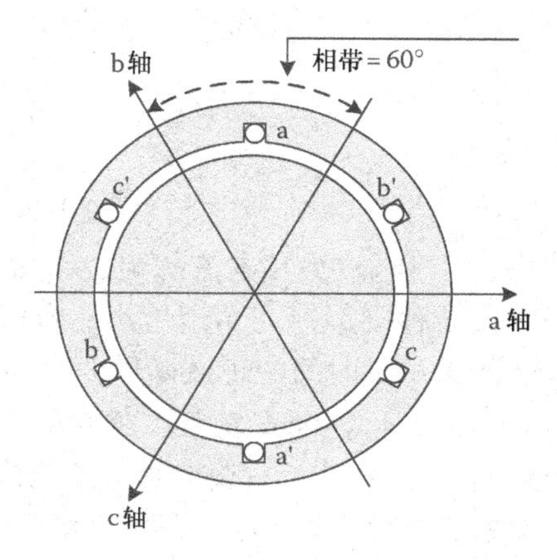

图2.10　使用集中绕组的三相电机

电流流过绕组产生磁场，a相绕组的磁场有NS两极（见图2.1），磁场方向为a相绕组的轴线方向，磁场大小由a相电流大小及方向决定。b相电流和c相电流产生相似的磁场，磁场方向分别为对应绕组的轴线方向，b相轴线相对于a相轴线的角度为120°，c相轴线相对于a相轴线的角度为-120°。

2.3.2　三相正弦分布式绕组

如前所述，正弦分布式绕组产生按正弦分布的气隙mmf［方程（2.11）］，假设a相、b相、c相绕组完全一致，都是正弦分布式绕组，如图2.9所示，沿定子的内圆周放置，b相绕组相对于a相绕组的角度为120°，c相绕组相对于a相绕组的角度为-120°。气隙中某一点处合成mmf是三相绕组产生的mmf之和，合成mmf和三相mmf的表达式如下所示：

$$
\begin{aligned}
\mathrm{mmf}_a(\phi) &= \frac{Ni_a}{2}\cos(\phi) \\
\mathrm{mmf}_b(\phi) &= \frac{Ni_b}{2}\cos\left(\phi-\frac{2\pi}{3}\right) \\
\mathrm{mmf}_c(\phi) &= \frac{Ni_c}{2}\cos\left(\phi+\frac{2\pi}{3}\right) \\
\mathrm{mmf}_{ag}(\phi) &= \mathrm{mmf}_a(\phi)+\mathrm{mmf}_b(\phi)+\mathrm{mmf}_c(\phi)
\end{aligned}
\qquad (2.12)
$$

式中，i_a、i_b、i_c为三相电流，ϕ为相对于a相绕组（a轴）的角度（见图2.9）。

如果三相绕组由三相平衡电源供电，则相电流是相差120°相位角的正弦波，因此

$$\mathrm{mmf}_{\mathrm{ag}}(\phi)=\frac{N}{2}I_{\mathrm{m}}\left[\begin{array}{c}\cos(\omega_{\mathrm{e}}t)\cos(\phi)\\+\cos\left(\omega_{\mathrm{e}}t-\frac{2\pi}{3}\right)\cos\left(\phi-\frac{2\pi}{3}\right)\\+\cos\left(\omega_{\mathrm{e}}t+\frac{2\pi}{3}\right)\cos\left(\phi+\frac{2\pi}{3}\right)\end{array}\right]$$

$$=\frac{3}{2}\left(\frac{N}{2}I_{\mathrm{m}}\right)\cos\left(\omega_{\mathrm{e}}t-\phi\right) \tag{2.13}$$

式中，I_{m} 和 ω_{e} 为相电流的幅值和角频率。

由方程（2.13）可以看出，合成 mmf 的一个重要性质，即在任意位置角 ϕ 处，mmf 的大小是时间的正弦函数。当 $\omega_{\mathrm{e}}t=\phi$ 时，位置角 ϕ 处的 mmf 为正最大值，随着时间的变化，mmf 减小，变为负值，当 $\omega_{\mathrm{e}}t=\phi+\pi$ 时，mmf 达到负最小值，此后 mmf 开始上升，一直按照正弦规律变化。

利用方程（2.13），还可以跟踪气隙 mmf 峰值的位置。可以看出 mmf 的正峰值总是位于 $\phi=\omega_{\mathrm{e}}t$ 处，这表明 mmf 的峰值按逆时针旋转（位置角 ϕ 的方向如图 2.9 所示），角频率为 ω_{e}，图 2.11 给出了在一个相电流周期内几个特殊时刻的气隙 mmf。

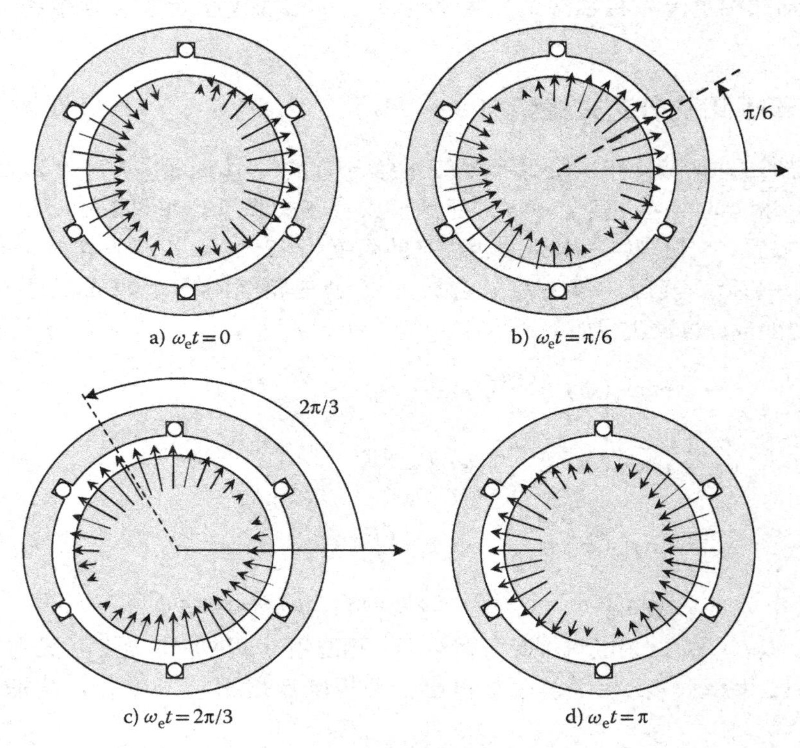

图 2.11 两极电机的旋转磁场

由图2.11可以看出，气隙磁场按正弦分布，以恒角速度匀速旋转，这是一个重要的性质。由三相绕组产生的磁场是静止的、时变的，方向为各自轴线的方向。但是，它们合成的磁场则是一个峰值恒定的旋转磁场。

合成磁场有一个正峰值和一个负峰值，两个峰值的位置间隔180°，类似于在空间旋转的条形磁体（一对NS极）产生的磁场，这也是该电机被称为两极电机的原因。合成磁场的角频率为ω_e，也称该速度为同步转速。

2.4 增加极数

以上对两极电机的绕组进行了分析，其中每相绕组建立的磁场类似于一个静止的NS磁体（磁场强度随时间变化），合成磁场类似于一个旋转的NS磁体（磁场强度固定），因此称之为两极电机。

2.4.1 单相多极绕组

通过对绕组进行合理的布置，可以得到更多的极对数，多极电机的优点很多。高斯定律表明，单一磁极（N极或S极）是不存在的，极数必须为偶数。

考虑一台如图2.12所示的四极电机，为了简单起见，图2.12中只给出了a相绕组。后面将对多相、多极电机的绕组布置情况进行分析。

由图2.12可见，在气隙中线圈建立了四个磁极，四个磁极互差90°，在两个相邻绕组边中的电流是反向的。

为了简化多极电机的分析，需要定义电角度和机械角度。对于一个P极电机，电角度和机械角度的关系为

$$\theta_e = \frac{P}{2}\theta_m \tag{2.14}$$

式中，θ_e和θ_m分别为电角度和机械角度。在四极电机中，以机械角度计，相邻磁极的极性相反且相差90°。而对于两极电机，机械角度和电角度是相等的。

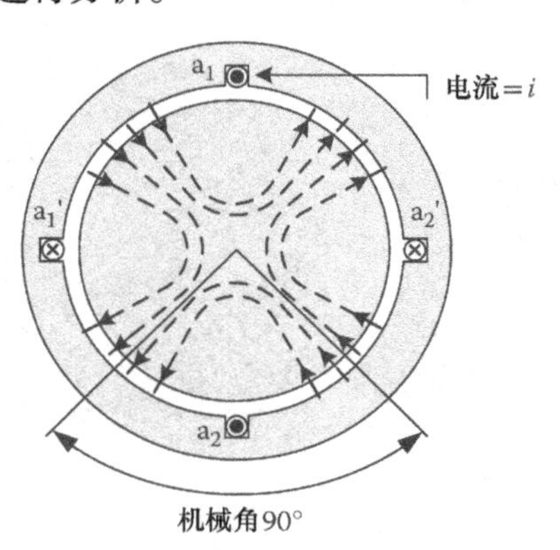

图2.12 四极电机的a相绕组

2.4.2 三相绕组布置

一台三相、四极电机的绕组布置情况如图2.13所示。在图2.13中，定子被分成了12（4极×3相）个相带，每个相带对应30°（机械角度），在每个相带内有一个齿槽。以电角度计，和两极电机一样，四极电机的每个相带也占据60°（电角度）。相邻绕组轴线的角度差为120°（电角度）或60°（机械角度）。

2.4.3　多极电机的旋转磁场

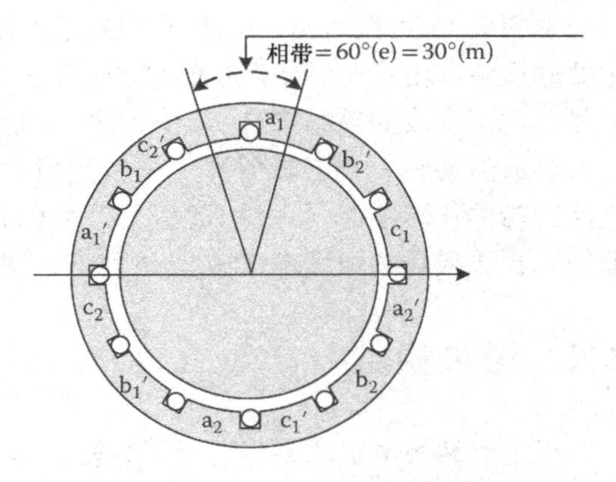

图 2.13　三相、四极电机的绕组

P 极电机的三相绕组产生 P/2 对 NS 磁极。三相对称电流的角频率为 ω_e，气隙合成磁场是一个具有 P 对磁极的旋转磁场，磁场的大小不变（类似于前面的两极电机）。因此，在图 2.13 中，给出的四极电机，产生的气隙磁场是具有 4 对磁极的大小不变、恒速旋转的磁场。

下面确定磁场的旋转速度。为了简单起见，只考虑 a 相绕组，假设绕组为正弦分布式绕组，其匝数密度函数为

$$n(\phi)=N_p\left|\cos(2\phi)\right| \tag{2.15}$$

式中，N_p 为匝数密度的峰值，与两极绕组的两个峰值相比，$\left|\cos(2\phi)\right|$意味着在一个圆周内匝数密度有 4 个峰值。

假设相电流的角频率为 ω_e，考虑在两个不同时刻的气隙磁场，这两个时刻分别对应于电流的正负峰值。图 2.14 给出了在这两个峰值时刻的气隙磁场。

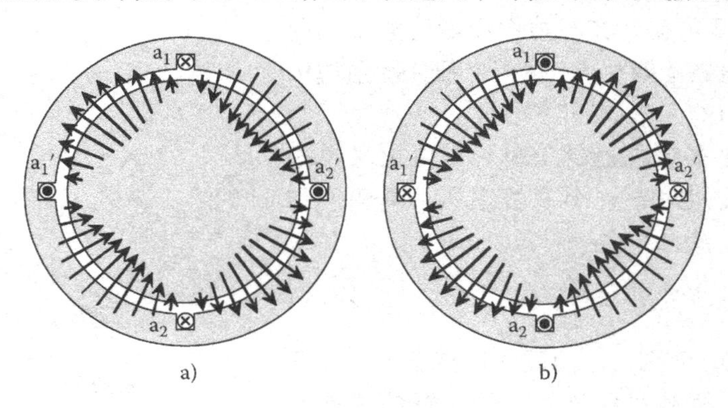

图 2.14　在电流峰值时刻的气隙磁场

a）正峰值　b）负峰值

电流经过半个周期的变化，瞬时值由正峰值变为负峰值，变化了 180°电角度，而对应的磁场只旋转了 90°机械角度。在图 2.14a 和 2.14b 中的两个磁场，除了在方向上相差 90°外（机械角度），其余完全相同。电流由正峰值变到负峰值所需时间与磁场旋转 90°所需时间是相同的，因此，对于四极电机，气隙磁场的机械转速为

$$\omega_{sync} = \frac{\omega_e}{2} = \frac{2\pi f_e}{2}[\text{mech} \cdot \text{rad/s}] \tag{2.16}$$

式中，ω_{sync}为同步转速；f_e 为电流频率。

同理，对于 P 极电机，磁场的机械转速为

$$\omega_{sync} = \frac{2\omega_e}{P} = \frac{2(2\pi f_e)}{P}[\text{mech} \cdot \text{rad/s}] \tag{2.17}$$

或者

$$N_{sync} = \frac{120 f_e}{P}(\text{r/min}) \tag{2.18}$$

式中，N_{sync}是单位为 r/min 的同步转速。

2.5　绕组布置实例

根据设计和应用场合的要求，三相交流电机的绕组可以具有各种形式。下面讨论两种简单的情况，一种情况是双层整距绕组；另一种情况是双层短矩绕组。所谓的双层绕组是指在一个齿槽中有两个绕组边，因此，绕组具有更加复杂的形式，为改善 mmf 的频谱提供了更多的可能。

例 2.3　整矩绕组的布置

一台四极、三相电机，定子有 24 个齿槽，给出双层整距绕组的布置方案。

解：

对于此电机，需要安排 12 个相带（4×3，四极三相）。由于电机有 24 个齿槽，故每个相带中有两个齿槽。相邻齿槽中心间隔 15°（机械角度），因此，每个相带对应 30°（60°电角度）。因为，绕组为整矩绕组，绕组两个边的间隔角度为 180°（电角度），对应 6 个齿槽，下图例 2.4 给出了绕组的布置方案。

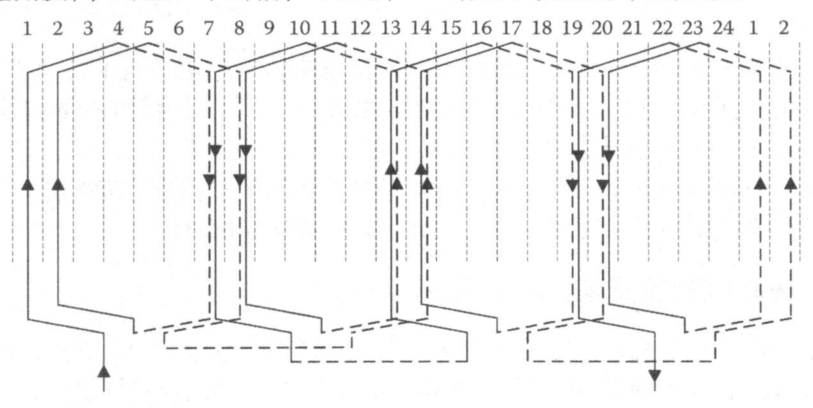

例 2.3　双层整矩绕组的布置

例 2.4　一台两极、三相电机，定子有 12 齿槽，给出 5/6 双层短矩绕组的布置方案。

解：

相邻齿槽中心的间隔角度为 30°（机械角度），5/6 短矩绕组两边的间隔角度为 150°（机械角度），对应 5 个齿槽，下图给出了 5/6 双层短矩绕组的布置方案。

齿槽 1 和齿槽 7 相距 180°（机械角度），分别放置了绕组的两个边，虽然有 2 匝绕组为短矩绕组，但是从整体来看绕组还是对称的。

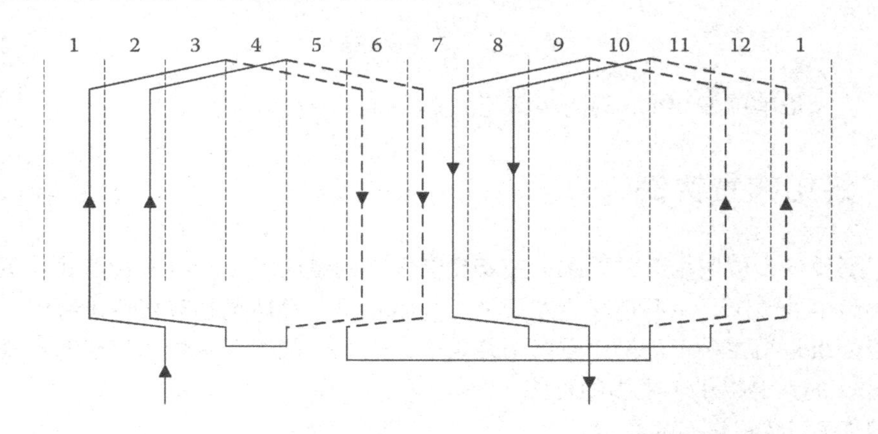

2.6　绕组的电感

可以把电机看作是放置于磁路中的绕组组合，通过恰当的布置，使绕组与合成磁场相互作用，以实现特殊的用途，也就是实现期望的能量转换。由绕组建立的磁场，通过磁性材料和气隙同时与绕组自身和其他绕组相铰链，各种不同形式的磁链铰链，分别对应于绕组的自感和互感。

在对电机进行建模和分析的过程中，计算电机绕组的电感是非常重要的步骤。计算得到的电感值可以应用到电机的等效电路中；还可以利用能量转换的概念（第 1 章），利用电感值计算电机的转矩。

下面几节将介绍几个计算电机绕组自感和互感的例子。为了简单起见，先对理想的正弦分布式绕组进行分析，然后再分析其他绕组的情况。

2.6.1　简单圆形转子电机的自感和互感

考虑两极三相电机，在定转子上分别有三相绕组，如图 2.15 所示，绕组为正弦分布式绕组，为了简单起见图 2.15 中用集中绕组表示正弦式绕组。转子 a 轴相对于定子 a 轴的角度用 θ_r 表示。ϕ_s 和 ϕ_r 分别表示物理量相对于定子 a 轴和转子 a 轴的角度。

只考虑转子和定子的 a 相绕组，定子绕组和转子绕组的匝数密度函数分别为

$$n_s(\phi_s)=\frac{N_s}{2}|\sin(\phi_s)|$$

$$n_r(\phi_r)=\frac{N_r}{2}|\sin(\phi_r)| \tag{2.19}$$

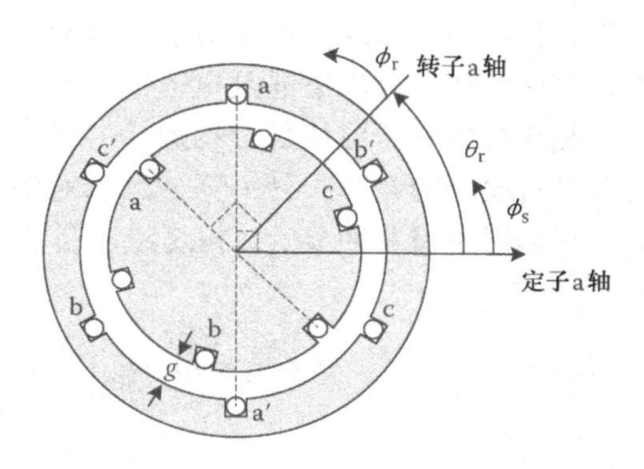

图 2.15　三相圆形转子电机

其中，N_s 和 N_r 分别为每相定子绕组和每相转子绕组的匝数。下面以定子 a 相绕组为例，介绍自感的计算方法。为了计算绕组自感，需要用电流对绕组进行激励，然后测量绕组的磁链，用所得磁链除以电流，即可得到自感。注意每次仅激励一个绕组，确保所得磁链仅由一个绕组产生。根据正弦分布式绕组的磁场表达式，由定子 a 相绕组产生的 mmf 为

$$\mathrm{mmf}_a(\phi_s)=\frac{N_s}{2}i_a\cos(\phi_s) \tag{2.20}$$

式中，i_a 为定子 a 相绕组的电流。

假设电机的气隙是均匀的，气隙长度为 g，则定子 a 相电流产生的磁通密度为

$$B_a(\phi_s)=\mu_0\frac{\mathrm{mmf}_a(\phi_s)}{g}=\mu_0\frac{N_s}{2g}i_a\cos(\phi_s) \tag{2.21}$$

磁通密度矢量的方向为该点的半径方向（向外）。考虑位于 ϕ_s 处的一匝定子绕组，该绕组的一个边位于 ϕ_s 处，另一个边位于 $\phi_s+\pi$ 处，如图 2.16 所示。可以由公式（2.22）得到通过该单匝绕组的磁通。注意到需要计算的磁通为图 2.16 中大箭头所示的磁通。然而，得到表面 1 上的磁通密度并不容易，但可以计算通过表面 2 的磁通。由于不存在单极磁场，所以穿过平面 1 的磁通与离开表面 2 的磁通（取负）是相等的，因此，可得通过单匝绕组的磁通表达式。

$$-\int_{\phi_s}^{\phi_s+\pi}B_a(\alpha)rl\mathrm{d}\alpha=\mu_0\frac{N_s}{g}i_arl\sin(\phi_s) \tag{2.22}$$

其中，r 和 l 分别为绕组的半径和长度。

因为在 ϕ_s 处的绕组匝数为 $n_s(\phi_s)\mathrm{d}\phi_s$，因此，可以得到通过 a 相定子绕组的磁链表达式为

$$\lambda_{aa}=-\int_0^{\pi}n_s(\phi_s)\left(\int_{\phi_s}^{\phi_s+\pi}B_a(\alpha)rl\mathrm{d}\alpha\right)\mathrm{d}\phi_s=\mu_0\left(\frac{N_s}{2}\right)^2\frac{\pi i_arl}{g} \tag{2.23}$$

上述磁链对应于 a 相电流产生的围绕绕组且经过磁路构成闭合回路的磁通。实际上，绕组电流还会产生另一部分磁通，这部分磁通经由绕组周围的空气构成闭合

回路，但不通过磁路，即漏磁通。由于空气具有线性的磁特性，故漏磁通是电流的线性函数。所以 a 相绕组的电感由两部分构成：一部分电感对应于穿过磁路的磁链；另一部分电感对应于漏磁链。根据以上分析可知，a 相绕组的自感表达式如下：

$$L_{aa}=\frac{L_1 i_a+\lambda_{aa}}{i_a}=L_1+L_m=L_1+\mu_0\left(\frac{N_s}{2}\right)^2\frac{\pi rl}{g} \tag{2.24}$$

式中，L_1 为绕组的漏感。

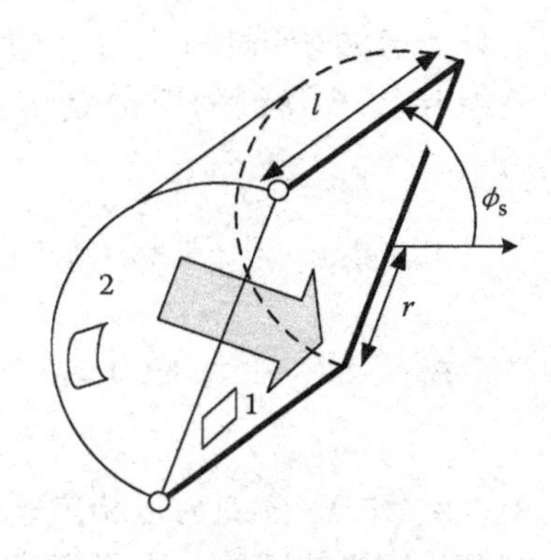

图 2.16 一匝 a 相定子绕组的磁通

由于圆形转子具有对称的形状，所以定子 a 相绕组的自感和转子的位置无关，用方程（2.24）也可以得到计算定子 b 相绕组和 c 相绕组自感的类似方程。

可以通过以下方法求出定子 a 相绕组和转子 a 相绕组的互感。由于定子绕组和转子绕组的相对位置与转子位置有关，因此，两者之间的互感应该是转子位置的函数。由定子电流 i_a 产生的磁链，其中一部分通过转子 a 相绕组，这部分磁链为

$$\int_{\theta_r}^{\theta_r+\pi}\underbrace{\frac{N_r}{2}\sin(\alpha-\theta_r)}_{\text{转子的匝数密度}}\underbrace{\mu_0\frac{N_s}{g}i_a rl\sin\alpha\mathrm{d}\alpha}_{\text{一匝转子的磁通}}=\mu_0\frac{N_r}{2}\frac{N_s}{2}\frac{i_a rl\pi}{g}\cos\theta_r \tag{2.25}$$

上式表明当 $\theta_r=0$ 时，两个绕组间的磁链为最大值，此刻两个绕组的轴同向。这符合直觉认识，当两个绕组的轴同向时，磁链通路的截面积最大，因此可以产生最大的磁链。两个绕组的互感表达式如下：

$$L_{sr}=\mu_0\frac{N_r}{2}\frac{N_s}{2}\frac{rl\pi}{g}\cos\theta_r \tag{2.26}$$

由于绕组的对称性，通过改变方程（2.26）中的角度，可以方便地确定其他定、转子绕组之间的互感。

有些电机的转子不是如图 2.5 所示的圆形转子，这种转子被称为凸极转子。这类电机的气隙长度不是常数，气隙是不均匀的，使得磁路会随着转子位置的变化而变化，导致定子自感以及绕组之间的互感，都与转子的位置有关，因此，这类电机的电感更加复杂。

2.6.2 凸极转子电机的自感和互感

由于凸极转子的位置决定了磁链通过气隙时的有效长度，因此，要计算凸极转子电机的电感，就必须精确的获知转子的几何形状。对于这类电机，如果没有关于气隙长度的精确表达式，就不能得到类似于方程（2.24）和方程（2.26）那样的电感表达式。但可以根据转子旋转时磁路的变化情况得到电感的其他表示形式。

考虑如图 2.17 所示的凸极转子电机，电机有三相定子绕组，根据电机的不同，在转子上可能安装有转子绕组，也可能没有安装转子绕组。在以下的分析中，将主要分析定子绕组的自感和互感。注意，利用电角度的概念，以下讨论的内容和得到的结论，可以很容易的应用到多极电机。

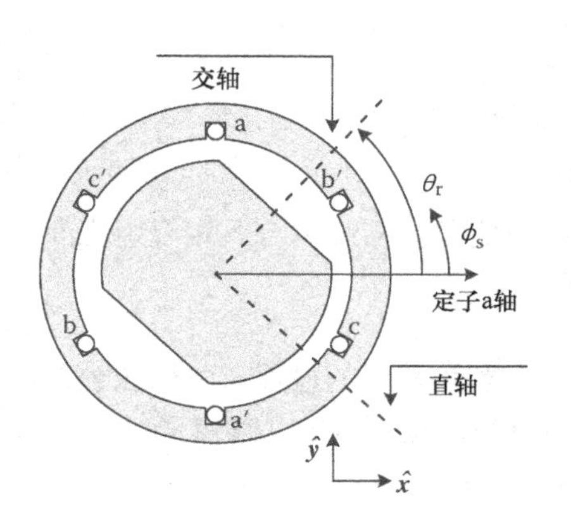

图 2.17　凸极交流电机

转子位置决定了磁路的磁阻，首先考虑 a 相（定子）绕组产生的 mmf，其矢量的表达式为

$$\mathrm{mmf_a}(i_a) = Mi_a\hat{x} \tag{2.27}$$

式中，M 为常值；代表转子匝数，矢量的方向为 a 轴方向。

把 $\mathrm{mmf_a}$ 产生的磁链也看成矢量，其方向与 $\mathrm{mmf_a}$ 的方向一致。为了反映凸极效应，在转子上定义两个轴，分别为直轴和交轴。直轴方向对应气隙最短的方向，交轴垂直于直轴（电角度），对应于气隙最长的方向。定子 a 相磁通沿直轴和交轴方向产生两个分量，也就是

$$\begin{aligned}\phi_d(i_a) &= \frac{\mathrm{mmf_d}(i_a)}{R_d} = \frac{Mi_a\sin(\theta_r)}{R_d} = K_1 i_a \sin(\theta_r)\\ \phi_q(i_a) &= \frac{\mathrm{mmf_q}(i_a)}{R_q} = \frac{Mi_a\cos(\theta_r)}{R_q} = K_2 i_a \cos(\theta_r)\end{aligned} \tag{2.28}$$

式中，$\mathrm{mmf_d}$ 和 $\mathrm{mmf_q}$ 分别为 $\mathrm{mm\,f_a}$ 在 d 轴和 q 轴上的投影；R_d 和 R_q 分别为 d 轴磁路、q 轴磁路的磁阻；K_1 和 K_2（$K_1 > K_2$）分别为对应于 R_d 和 R_q 的常数。把定子 a 相产生的 mmf 向直轴和交轴投影，然后再分别除以 d 轴和 q 轴的磁阻，就可以得到两个磁链分量。把这两个磁链分量再向 a 轴投影，就可以得到定子 a 相电流 i_a 在 a 相绕组中产生的磁链，其表达式为

$$\begin{aligned}\phi_a(i_a) &= \phi_d(i_a)\cos\left(\frac{\pi}{2} - \theta_r\right) + \phi_q(i_a)\cos(\theta_r)\\ &= \frac{K_1 + K_2}{2} i_a + \frac{K_2 - K_1}{2} i_a \cos(2\theta_r)\end{aligned} \tag{2.29}$$

则定子 a 相绕组的自感为

$$L_{aa} = L_1 + L_0 - L_2\cos(2\theta_r) \tag{2.30}$$

式中，L_1 为对应于漏磁链的漏感；L_0 是对应于$(K_1 + K_2)/2$ 的电感；L_2 是对应于$(K_2 - K_1)/2$ 的电感［方程（2.29）］。类似的，把式（2.28）中的直轴磁链分量和交流磁链分量，向 b 轴方向投影，可以得到定子 a 相电流 i_a 在 b 相绕组中产生的磁链，其表达式为

$$\begin{aligned}\phi_b(i_a) &= \phi_q(i_a)\cos\left(\frac{2\pi}{3}-\theta_r\right)+\phi_d(i_a)\cos\left(\frac{\pi}{2}+\frac{2\pi}{3}-\theta_r\right)\\ &= -\frac{1}{2}\frac{K_1+K_2}{2}i_a+\frac{K_2-K_1}{2}i_a\cos\left(2\theta_r-\frac{2\pi}{3}\right)\end{aligned} \tag{2.31}$$

定子 a 相绕组与 b 相绕组之间的互感为

$$L_{ab} = -\frac{1}{2}L_0 - L_2\cos\left(2\theta_r-\frac{2\pi}{3}\right) \tag{2.32}$$

利用相似的过程，可以很容易的得到其他的自感和互感。对于圆形转子，系数 K_1 和 K_2 是相等的，使得和转子位置有关的系数 $L_2=0$，根据方程（2.30）和方程（2.32）可知，此时电机定子的自感和互感与转子的位置无关。

2.6.3 分布式绕组的电机互感

如前所述，在进行电机建模和分析的过程中，通常用等效的正弦分布式绕组代替分布式绕组。然而，分布式绕组与正弦分布式绕组是有区别的，因此，对分布式绕组的电感进行详细研究，弄清两者的差别是有益的。虽然在以后的章节中，进行电机分析时，不使用本节得到的结论，但是，还是有必要通过本节内容深入了解绕组与电感之间的关系，为此考虑如下的例子。

例 2.5 分布式绕组的互感

在三相电机中，定子 a 相绕组的布置如下图所示，转子为圆形转子，电机的直径为 10cm，长度为 15cm，气隙是均匀的，气隙长度为 1mm。

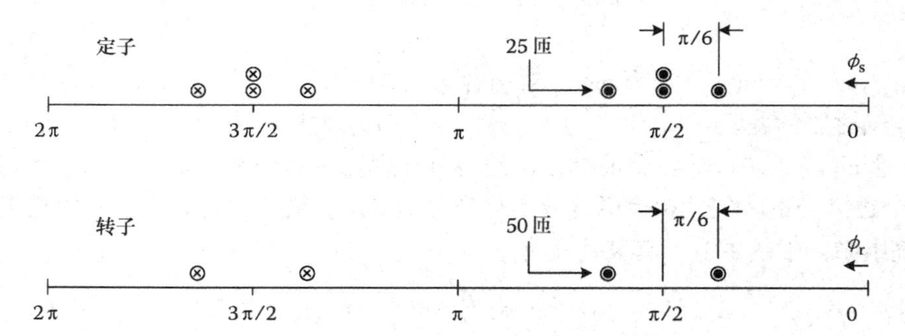

完成以下问题：

1. 求定子 a 相绕组与转子 a 相绕组的互感；

2. 如果利用等效的正弦分布式绕组代替该绕组，求定子 a 相绕组与转子 a 相绕组的互感。

3. 画出电感随转子位置的变化曲线。

解：

使两个等效正弦分布式绕组的 mmf 分别与定子绕组和转子绕组的 mmf 具有相

同的基波幅值，参考例 2. 2，可得两个正弦分布式绕组的匝数密度峰值分别为 59. 4 和 55. 1，对应的匝数密度表达式为

$$n_s(\phi_s)=\frac{N_s}{2}|\sin(\phi_s)|,\quad N_s=118.8$$

$$n_r(\phi_r)=\frac{N_r}{2}|\sin(\phi_r)|,\quad N_r=110.2$$

利用方程（2. 24）和（2. 26），可以计算出等效正弦分布式绕组的电感。

下面计算分布式绕组的互感，假设定子绕组的电流为 1A，则定子绕组产生的 mmf 具有如下图所示的形状。

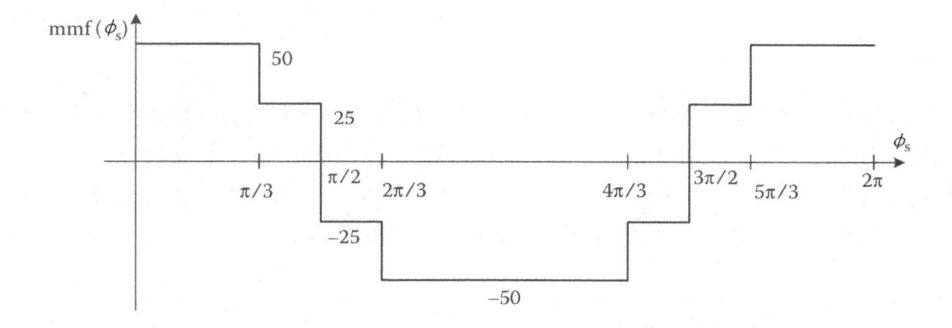

考虑位于 ϕ_s 处的一匝定子绕组，利用下式可以计算出，通过该绕组的由定子电流产生的磁通：

$$\Phi_{dist}(\phi_s)=-\mu_0\frac{rl}{g}\int_{\phi_s}^{\phi_s+\pi}\mathrm{mmf}(\alpha)\,d\alpha$$

把实际分布式绕组产生的 mmf 代入到上式，可得如下的表达式。

$$\Phi_{dist}(\phi_s)=\begin{cases}1.885e-3\phi_s & 0\leqslant\phi_s\leqslant\frac{\pi}{3}\\ 0.9425e-3\left(\phi_s+\frac{\pi}{4}\right) & \frac{\pi}{3}\leqslant\phi_s\leqslant\frac{\pi}{2}\\ 0.9425e-3\left(-\phi_s+\frac{4\pi}{3}\right) & \frac{\pi}{2}\leqslant\phi_s\leqslant\frac{2\pi}{3}\\ 1.885e-3(\pi-\phi_s) & \frac{2\pi}{3}\leqslant\phi_s\leqslant\pi\end{cases}$$

同样假设绕组电流为 1A，对于等效正弦分布式绕组有

$$\Phi_{sin}(\phi_s)=\mu_0\frac{N_s rl}{g}\sin(\phi_s)$$

下图给出了位于 ϕ_s 处的一匝分布式绕组和正弦分布式绕组的磁通随角度变化的波形，可见分布式绕组的磁通波形为分段线性函数。

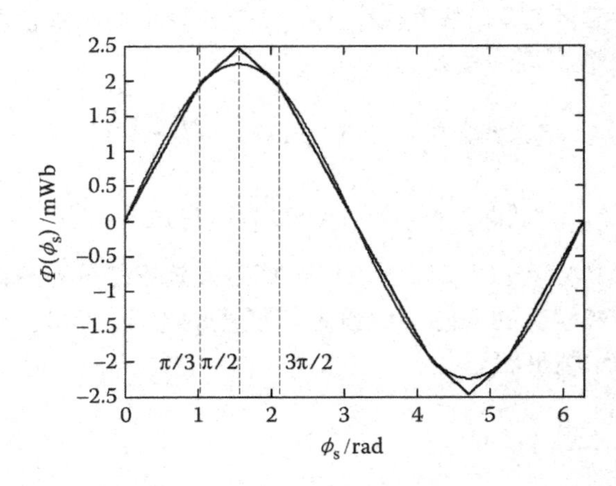

如图所示，实际绕组与等效的正弦分布式绕组之间的磁通差值非常小，对于正弦分布式绕组，可以用方程（2.26）计算定转子绕组的互感。已知转子在 $\theta_r + \pi/3$（和 $\theta_r + \pi/3 + \pi$）处的线圈为 50 匝，另外 50 匝在 $\theta_r + 2\pi/3$（和 $\theta_r + 2\pi/3 + \pi$）处，根据定子 mmf 在转子线圈中产生的磁链，可得互感为

$$L(\theta_r) = \frac{50\left[\Phi_{\text{dist}}\left(\theta_r + \frac{\pi}{3}\right) + \Phi_{\text{dist}}\left(\theta_r + \frac{2\pi}{3}\right)\right]}{i_a(1\text{A})}$$

下图给出了实际绕组与等效绕组的互感与转子角度的函数关系，粗黑线对应等效正弦分布式绕组，白线对应被等效的分布式绕组，分布式绕组的互感函数为分段线性函数。由图中可见，正弦分布式绕组的互感非常接近于分布式绕组的互感。

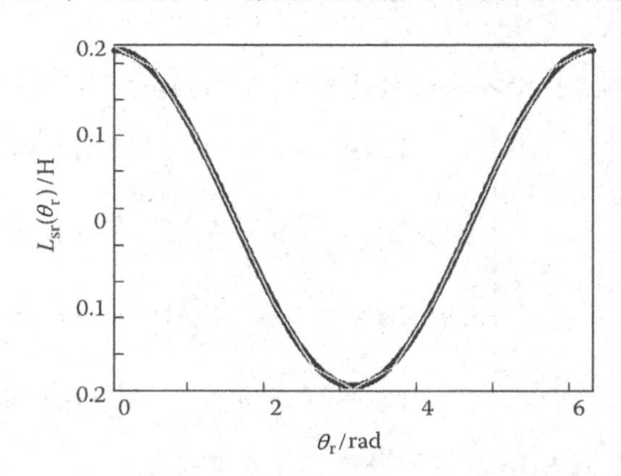

2.6.4 交流电机的分析方法

由相关电感计算的例子可以看出，交流电机的电感（即使是圆形转子电机，2.6.1 节）是与转子位置有关的变量。对于非圆形转子电机，例如凸极转子同步电

机，即使相绕组的自感也是和转子的位置有关的。当转子旋转时，转子的位置是随时间变化的，因此，在本质上，交流电机可以看成是一组相互耦合、时变的电感。分析这样的系统是比较困难的，因此，希望找到一种简单的分析方法。

其中的一种方法是对电感进行变换，经过变换，电感不再随时间变化而变化，从而得到了一个时不变系统，降低了分析的难度。在第 4 章，将介绍一种简单而高效的变换方法，利用这种变换可以消除 AC 电机电感的时变性，为发展高性能电机控制方法奠定了基础。

习　题

1. 电机定子中有一套整矩集中绕组（匝数为 N_s），转子中也有一套整矩集中绕组（匝数为 N_r），定子绕组电流为 i。转子恒速旋转，角速度为 ω，求转子电压的表达式，并画出电压随时间的变化曲线。利用所得结果，说明绕组为何具有近似正弦分布的性质。

2. 电机的定子绕组为三相正弦分布式绕组（如下图，为清晰，图中未示出），转子绕组为单相整矩集中绕组，转子绕组的匝数为 N_r。定子电流为三相平衡正弦电流，频率为 ω，产生的气隙 mmf 为

$$\mathrm{mmf}(t,\phi)=M\cos(\omega t-\phi)$$

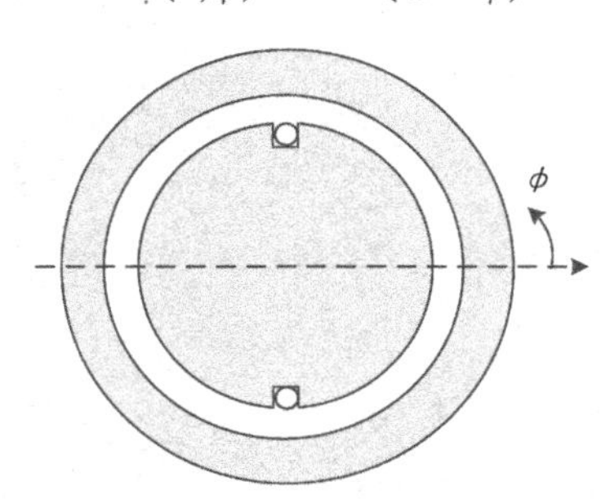

a. 确定定子磁场的旋转方向。

b. 在何时，mmf 的正峰值位于 $\phi=0$ 处？

c. 在何时，mmf 的正峰值位于 $\phi=\pi$ 处？

d. 如果转子静止于图中位置，求转子感应电压的表达式（$0<\omega t<\pi/2$）。

e. 如果转子电路为闭合回路，判断转子电流方向（$0<\omega t<\pi/2$）。

f. 判断作用于静止转子上的转矩方向。从中能得到什么结论？

3. 另外一种确定绕组系数的方法是利用感应电压矢量。例如，对于定子整矩集中绕组，假设电机转子产生一个正弦分布的气隙 mmf，转子恒速旋转，转速为 ω，则在定子每相绕组的两个边框上产生大小相等、相位相差 180°的感应电压。由矢量的观点出发，两个感应电压可以看为两个矢量，两个矢量的幅值相同、方向相反，绕组的总电压则为两个电压矢量的差。

a. 利用以上概念，确定短矩定子绕组（见图 2.7）上的感应电压，计算该电压矢量与集中绕组电压矢量的比值。

b. 针对例 2.5 给出的分布式绕组，重复以上过程。

4. 针对例 2.5 给出的分布式绕组。

a. 绘制转子绕组和定子绕组的 mmf 波形。

b. 求 mmf 的谐波频谱。

c. 求定子绕组系数。

d. 求定子绕组和转子绕组的分段线性互感的表达式。

e. 求使用等效正弦分布式绕组代替实际绕组时，产生的最大互感误差。

5. 考虑例 1.4 给出的两相电机，使用类似于在 2.6.2 节中介绍的方法，得到绕组电感的函数表达式。

第3章　直流电机原理

3.1　引言

直流（DC）电机由直流电压和直流电流供电。在第2章中介绍过，时变电流流过恰当放置的绕组时能够产生旋转的磁场。而直流电流不随时间变化，那么直流电机是如何旋转的呢？在3.2节将会介绍。从本质上讲，直流电机也是交流电机，只是在机械整流器（换向器）的作用下，从电机的接线端看，电流为直流电流。和交流电机一样，感应定律和相互作用定律也是直流电机的工作原理。

直流电机的应用已经不如以前那样广泛。当高性能整流器出现后，直流发电机的应用范围更是大大缩小，这是因为高性能整流器能够利用单相或多相交流电源产生受控的高品质直流电压和直流电流。同时，随着高性能交流传动系统的出现，交流电动机也在各种应用领域取代了直流电动机。有很多导致直流电机应用减少的原因，其中之一是直流电机在运行中会出现大量的与换向片和电刷相关的问题，例如：电火花、功率损耗、磨损和维护费用昂贵等。

尽管如此，学习直流电机仍然是有必要的，其原因如下：第一，由于目前还在使用和制造直流电机，因此有必要熟悉直流电机的工作情况；第二，直流电机具有优良的性能和控制特性，是在设计交流传动系统时的参考对象。因此，花费一定的时间和精力学习直流电机还是很重要的。

本章将利用简化的方法来介绍直流电机的运行原理，建立描述他励直流电机动态性能的数学模型。本章内容为学习永磁体励磁的直流电机和绕组励磁的直流电机，提供了足够的背景知识，这些电机被广泛地应用于高精度场合。

本章绝大部分内容为直流电机运行的基本原理。根据绕组形式、稳态性能和输出特性，直流电机可以分为很多种类，建议感兴趣的读者可以通过阅读本章给出的参考文献进一步了解相关内容。

3.2　简单的直流电机

3.2.1　直流电机的感应电压及其整流

图3.1a为直流电机的结构示意图。定子产生一个水平磁场B_M，电枢（转子）处于定子磁场中。定子产生的磁场是由直流电流产生的，在图3.1a中用一个具有

NS 极的永磁体表示。电枢线圈的匝数为 N，半径为 r，长度（垂直于纸面）为 l。

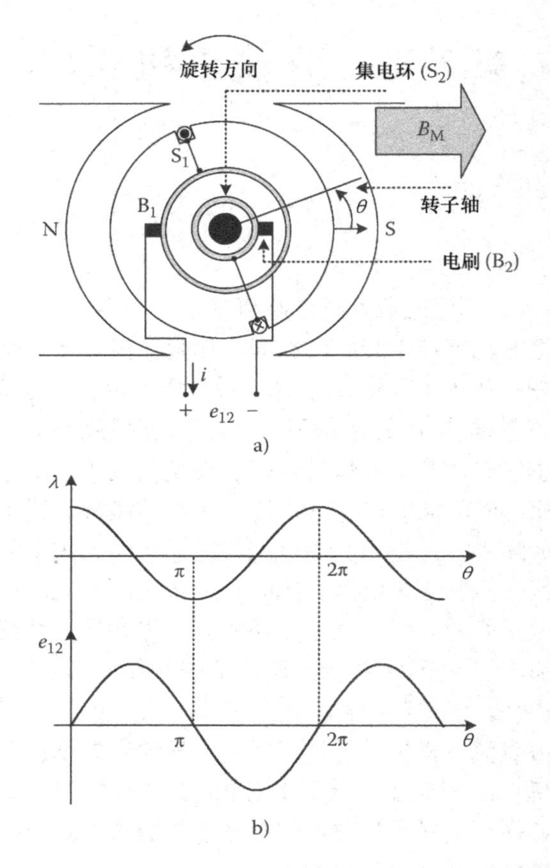

图 3.1 旋转绕组的感应电压
a）基本结构 b）磁链和电压波形

假设电枢在原动机的带动下恒速旋转，转速为 ω。尽管磁场的大小不变、处于静止状态，但是由于电枢的旋转，电枢绕组在磁场中的有效面积发生变化，产生感应电压。通过分析，可得磁链和感应电压的表达式为

$$\lambda(\theta)=2lrB_{\mathrm{M}}N\cos(\theta) \tag{3.1}$$

$$\begin{aligned} e_{12}(\theta) &= -\frac{\mathrm{d}\lambda(\theta)}{\mathrm{d}t}=2lrB_{\mathrm{M}}N\omega\sin(\theta) \\ &=2lrB_{\mathrm{M}}N\omega\sin(\omega t+\theta_0) \end{aligned} \tag{3.2}$$

式中，θ_0 为转子的初始位置。在方程（3.1）中，$2lr\cos(\theta)$ 为当角度为 θ 时，N 匝电枢绕组在水平磁场中的有效面积。

方程（3.2）中的负号来源于 Lenz 定律。电压 e_{12} 由两个静止的电刷（B_1、B_2）引出，两个电刷与两个旋转的集电环（S_1、S_2）相连，两个集电环与旋转线

圈的两侧相连。线圈产生正负交替的电压，瞬时极性取决于线圈的位置，如图3.1b所示。电枢绕组中的感应电压不是直流电压，而是一个交流电压，因而，在本质上，直流电机具有交流特性。

图3.1b给出的波形为理想波形，按标准的正弦规律变化。实际的定子磁场和电枢绕组都不具有理想特性，产生的感应电动势看起来更像交变的梯形波。

利用图3.2a中的两个换向片（C_1、C_2），可以对输出电压进行机械式的整流。绕组的两端和旋转的换向片相连。静止的电刷（B_1、B_2）与换向片保持接触，把电压由旋转绕组的两端引出。图3.2b给出了使用换向片后得到的感应电压。

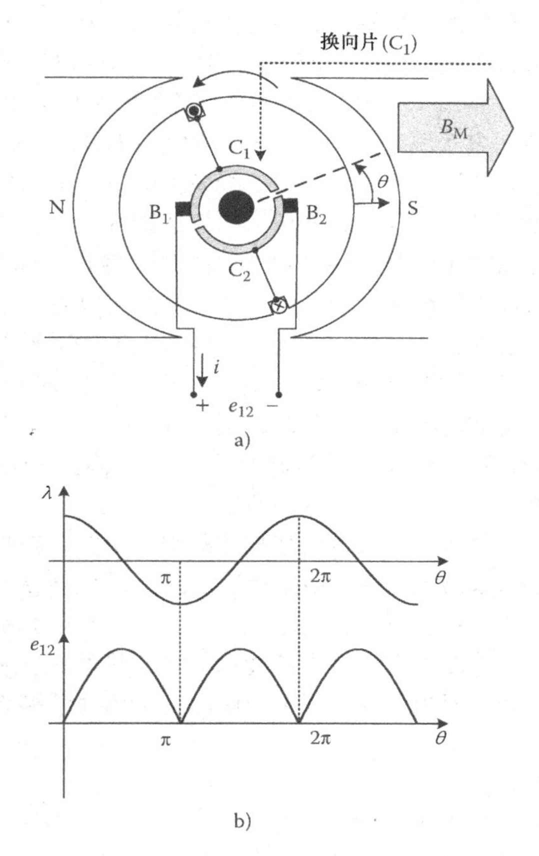

图3.2　换向片作用下的感应电压和整流

尽管输出电压是整流后的电压，但是与实际所需的直流电压相比，其波形不够平直，不能满足直流要求。对于实际的直流发电机（电动机），会在相邻的电枢齿槽（slots）中连续放置多个电枢绕组，每个绕组都与两个换向片相连。单个绕组产生的交流电压经过移相相加后输出，得到的输出电压则是一个基本平直的直流电压。

在直流电动机中，换向器具有类似的作用。通过换向器的机械连接，确保在相同磁极下的载流导体中的电流方向不变，在3.3节将对电枢和磁场之间的相互作用关系进行讨论。

3.2.2 换向过程及要求

在图3.2a给出的简单直流电机的结构中，当线圈通过电刷位置时，两个换向片C_1和C_2会被两个电刷短路，此刻角度$\theta=0$，对应区域被称为中性区，在电机运行过程中具有重要的作用。

可以通过物理和数学的方法说明，在短路时间内，方程（3.2）中$\theta=0$，这时线圈产生的感应电压为0，故虽然绕组两端短路，也不会出现短路电流，但是，这只适用于电机空载（电枢电流为零）的情况。当电机有负载电流时，电枢则会产生一个垂直于主磁场（定子绕组产生的磁场）的静止磁场（见3.3节），使得中性区发生偏离，这样在线圈被换向片短路时，线圈上的电压不为零。如果电机不在中性区换向，则会产生可见的电火花，加速换向器的磨损。为了解决这个问题，可以使用可动电刷，也可以在主磁极之间设置换向极来抵消电枢磁场。当使用可动电刷时，把电刷移动到与电机负载对应的实际中性区，则可以解决中性区偏离的问题。

在换向过程中，还存在着另外一个问题，即换向前后电枢电流的反向问题。换向过程要求，当绕组进入反向磁极区时，电枢电流就要反向。因而要求在换向时，必须在很短的时间内完成电枢电流的反向，同时线圈快速通过中性区。如果中性区的宽度很小，电机的转速又较高，则换向时间就相对较短。电枢电感是电流快速换向的主要障碍，它部分取决于电枢绕组的匝数。

为了降低换向过程的难度，实现电枢电流的快速反向，就必须降低电枢的电感值，减少电枢绕组的匝数N。但是，绕组匝数的减少，会导致感应电压的下降。为了解决这个矛盾，在实际中，通常把电枢绕组设计成多个线圈串联的形式，减少单个线圈的匝数，把这些线圈放置在多个齿槽内。多个线圈的感应电动势相加，等于电枢绕组的感应电动势。另外，如3.2.1节所述，采用这种多线圈的方案，还可以减少电压的谐波。

例3.1 中性区的偏移

两极直流电机的每极磁通量等于120mWb，定子腔体的半径为15cm，轴长为40cm，两极覆盖90%的定子的内圆周。在一定负载下，电枢电流产生的磁通密度为0.1T，垂直于水平方向的主磁极，求中性区的偏移角度。

解：

定子腔体的内表面积为$A=2\pi rl=2\pi\times0.15\times0.4=0.377\text{m}^2$；

每极面积为$0.377\times0.9/2=0.17\text{m}^2$

磁通密度为$B_\text{f}=0.12/0.17=0.707\text{T}$

合成磁通密度矢量的角度为$\theta=\tan^{-1}(B_\text{a}/B_\text{f})=8.05°$

这意味着中性区由空载时的位置偏移了 8.05°。

3.3　直流电机中主磁场和电枢的相互作用

在直流电机中，主磁场和电枢磁场相互作用产生转矩。两个磁场都是直流磁场，即两个磁场的大小都是恒定的，方向都是静止的。图 3.3 给出了电枢磁场和主磁场，为了清晰起见，图 3.3 中没有给出换向片和电刷，箭头方向给出了主磁场方向和电枢磁场方向。

由图 3.3 可见，两个磁场的夹角为 90°，这个角度是能够产生最大转矩的（见第 1 章）理想角度。在转子上安装有电枢绕组，作用于转子上的转矩方向如图 3.3 中弯曲箭头所示。尽管电枢是旋转的，但是由于换向器的作用，使得电枢电流方向始终如图 3.3 所示，两个磁场的方向不随转子的转动而变化。

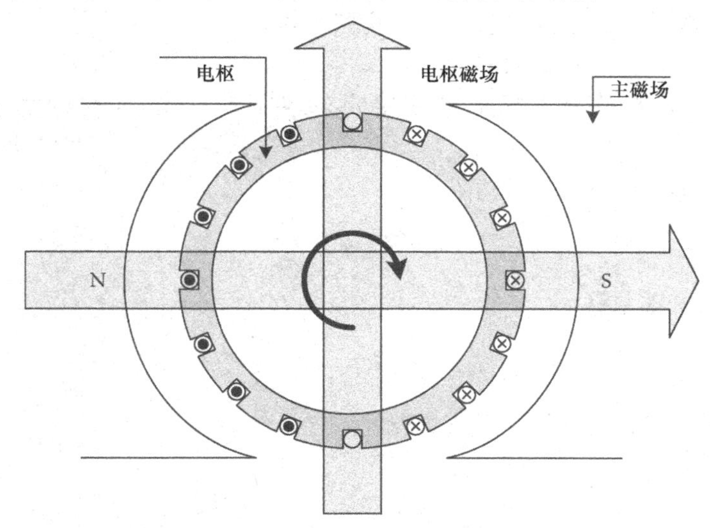

图 3.3　直流电机中的磁场方向

实际直流电机的转子上有许多齿槽，在每个齿槽中都安装有线圈，线圈在每个磁极下接近于连续分布。换向器以正确的时序进行机械整流，使得每个磁极下的电流按同一方向流动，主磁场和电枢磁场保持最优的垂直关系，产生恒定的转矩。

可以看出，电枢电流的大小影响着电机转矩的大小，因此，通过对电枢电流进行控制就可以实现对电机转速的控制。而对于绕组励磁的直流电机，通过控制励磁电流，也可以实现对电机转速的控制。现代直流电机的发展趋势是永磁体励磁，其主磁场是不变的。

在绕组励磁的直流电机中，有多种产生励磁电流的方式。励磁方式对电机的外特性和动态特性有着重要的影响。在他励直流电机中，用两个独立的直流电源分别给励磁绕组和电枢绕组供电。

由于他励直流电机具有很好的动态特性和可控性，所以在后续讨论中，把重点放在他励直流电机的动态特性方面。另外，他励直流电机的数学模型经过改进后，能够很容易地应用于永磁体励磁的直流电机。

3.4 他励直流电机的动态模型

图3.4给出了他励直流电机的等效电路，其励磁绕组和电枢绕组分别用独立的直流电源供电。如3.3节所述，主磁场和电枢磁场相互作用，在电枢绕组中产生感应电动势，同时产生转矩。根据能量流动的方向，电机既可以运行在电动机模式，也可以运行在发电机模式。在接下来的讨论中，主要讨论电机的电动机模式，在这种模式中，电机把电能转换成机械能，产生带动负载的转矩。

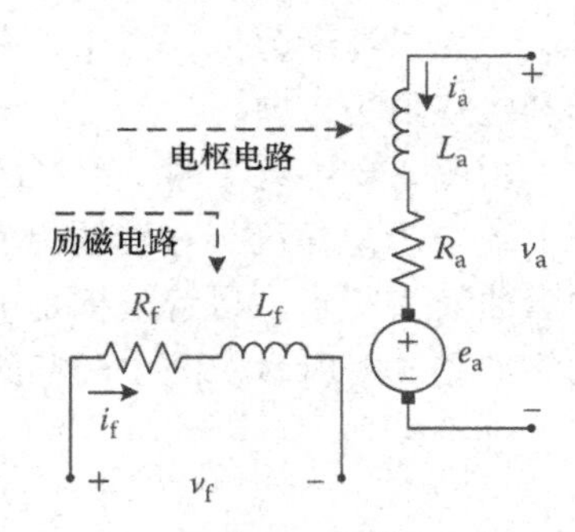

图3.4 他励直流电机的等效电路

可以用如下的微分方程来描述电机的动态性能。

励磁回路电压方程

$$v_f = R_f i_f + L_f \frac{di_f}{dt} \tag{3.3}$$

电枢回路电压方程

$$v_a = e_a + R_a i_a + L_a \frac{di_a}{dt} \tag{3.4}$$

机械子系统的运动方程（轴+负载）

$$T_e = T_L(\omega_m) + B\omega_m + J\frac{d\omega_m}{dt} \tag{3.5}$$

式中，e_a为电枢绕组在磁场中旋转产生的电动势；T_e为轴上的电机转矩；T_L为负载转矩；B为阻尼系数；J为转动惯量；ω_m为轴的机械转速。

虽然电枢回路和励磁回路是相互独立的，但是两者之间以磁场为媒介互相耦合，电气子系统和机械子系统之间通过磁场相互作用。下面的表达式给出了子系统之间的联系：

$$\begin{aligned} e_a &= K_\phi \phi \omega_m \\ T_e &= K_\phi \phi i_a \end{aligned} \tag{3.6}$$

式中，K_ϕ为一个常数；ϕ为每极磁通量。

如果忽略磁路饱和的影响，或者电机仅运行在励磁曲线的线性区，则每极磁通量和励磁电流之间存在着线性关系，那么方程（3.6）就可以表示成如下形式：

$$\begin{aligned} e_{\mathrm{a}} &= K_{\mathrm{f}} i_{\mathrm{f}} \omega_{\mathrm{m}} \\ T_{\mathrm{e}} &= K_{\mathrm{f}} i_{\mathrm{f}} i_{\mathrm{a}} \end{aligned} \tag{3.7}$$

把励磁电流、电枢电流和电机转速作为状态变量，可以得到他励直流电机的状态方程：

$$\begin{aligned} \frac{\mathrm{d}i_{\mathrm{a}}}{\mathrm{d}t} &= \frac{1}{L_{\mathrm{a}}}(v_{\mathrm{a}} - R_{\mathrm{a}} i_{\mathrm{a}} - K_{\mathrm{f}} i_{\mathrm{f}} \omega_{\mathrm{m}}) \\ \frac{\mathrm{d}i_{\mathrm{f}}}{\mathrm{d}t} &= \frac{1}{L_{\mathrm{f}}}(v_{\mathrm{f}} - R_{\mathrm{f}} i_{\mathrm{f}}) \\ \frac{\mathrm{d}\omega_{\mathrm{m}}}{\mathrm{d}t} &= \frac{1}{J}(K_{\mathrm{f}} i_{\mathrm{f}} i_{\mathrm{a}} - T_{\mathrm{L}}(\omega_{\mathrm{m}}) - B\omega_{\mathrm{m}}) \end{aligned} \tag{3.8}$$

利用状态方程，可以对他励直流电机在不同运行条件下的动态特性进行研究和仿真。在本章的例 3.5 中，将利用附录 A 介绍的仿真技术，对之进行研究。

仔细观察方程（3.3）~（3.5）、（3.7）、（3.8），可以发现，由于方程（3.7）中包含着状态变量 i_{f}、i_{a} 和 ω_{m} 的乘积，因此，这些方程所描述的系统是一个非线性系统。如果假设励磁电流保持不变（或主磁场由永磁体产生），方程中的非线性耦合消失了，这为对电机的动态特性进行简单分析奠定了基础。线性特性降低了动态特性的分析难度。

为了简化分析过程，考虑一种简单情况，假设励磁电流已经达到稳态，也就是 $\mathrm{d}i_{\mathrm{f}}/\mathrm{d}t=0$，该假设去除了状态变量的乘积项，得到如下的线性状态方程：

$$\begin{aligned} \frac{\mathrm{d}i_{\mathrm{a}}}{\mathrm{d}t} &= \frac{1}{L_{\mathrm{a}}}(v_{\mathrm{a}} - R_{\mathrm{a}} i_{\mathrm{a}} - K\omega_{\mathrm{m}}) \\ \frac{\mathrm{d}\omega_{\mathrm{m}}}{\mathrm{d}t} &= \frac{1}{J}(Ki_{\mathrm{a}} - T_{\mathrm{L}}(\omega_{\mathrm{m}}) - B\omega_{\mathrm{m}}) \end{aligned} \tag{3.9}$$

其中，$K=K_{\mathrm{f}} i_{\mathrm{f}}$。

由方程组（3.9）的第一个式子可以看出，增加电枢电压会导致电枢电流的增加。方程组（3.9）的第二个式子给出了负载动态，由该式可以看出，当电枢电流增加时会使得电机转速增加。反之，如果降低电枢电压会使得电枢的电流减小，电机的转速下降。

如果不考虑摩擦的影响，阻尼系数 B 为零，则在稳态时有 $\mathrm{d}\omega_{\mathrm{m}}/\mathrm{d}t=0$，这时电枢电流产生的转矩 Ki_{a} 必然等于负载转矩 T_{L}。而如果转矩 Ki_{a} 不等于负载转矩 T_{L}，就会导致电机转速的上升或下降，电机不能处于稳定状态，直至两者再次匹配。

假设主磁场恒定不变，可以用图 3.5 给出的框图表示他励直流电机系统。在框图中，对状态方程（3.9）在 s 域进行了拉普拉斯变换。

用电压 $v_{\mathrm{a}}(s)$ 和扰动 $T_{\mathrm{L}}(s)$ 作为系统的输入量，系统的输出 $\omega_{\mathrm{m}}(s)$ 可表示为

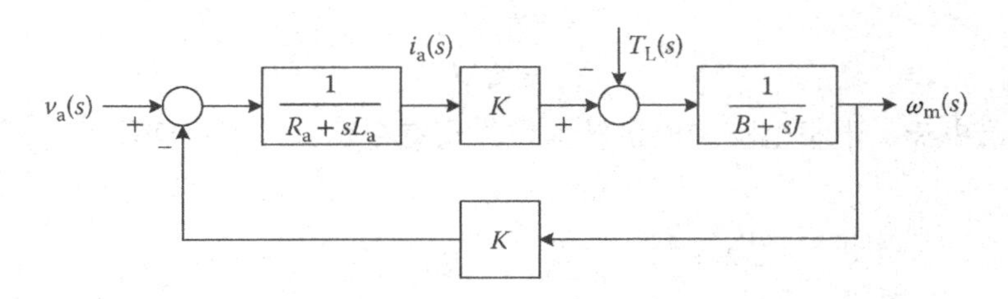

图 3.5　主磁场恒定不变时他励直流电机的系统框图

$$\omega_m(s)=\frac{K}{(R_a+sL_a)(B+sJ)+K^2}v_a(s)-\frac{R_a+sL_a}{(R_a+sL_a)(B+sJ)+K^2}T_L(s) \tag{3.10}$$

如图 3.5 所示，直流电机可以分为电枢子系统和机械子系统。电枢子系统的时间常数为 $\tau_e=L_a/R_a$，机械子系统的时间常数为 $\tau_m=J/B$。机械子系统的响应速度要比电枢子系统的响应速度慢得多，这意味着两个子系统具有不同的动态特性。

对于一台稳定运行的直流电机，电枢电压 v_a 突变，电枢子系统会快速响应，电枢电流快速变化，如果机械子系统的时间常数足够大，那么在电枢子系统的响应过程中，可以认为电机的转速基本不变。电枢子系统响应完毕，机械子系统开始对新的电枢电流（电机转矩）进行响应，转速按时间常数 τ_m 变化。

例 3.2　直流电机的开环动态特性

永磁体励磁的直流电机，电动势常数为 0.8V/(rad/s)，电枢电阻为 0.25Ω，电枢电感为 0.02H，阻尼系数为 0.05N·m/(rad/s)，转动惯量为 2.0kg·m^2。在零时刻，电机静止，电枢电压由 0 突变为 200V，在 6s 时，负载转矩由 0 突变为 40N·m，确定并绘出电枢电流和转速随时间的变化曲线。

解：

利用以上参数，根据式（3.10），可知转速的拉普拉斯变换为

$$\begin{aligned}\omega_m(s)=&\frac{0.8}{(0.25+0.02s)(0.05+2.0s)+0.8^2}200u(t)\\&-\frac{0.25+0.02s}{(0.25+0.02s)(0.05+2.0s)+0.8^2}40u(t-6)\end{aligned}$$

式中，$u(t)$为单位阶跃函数。

进一步简化，有

$$\begin{aligned}\omega_m(s)=&\frac{0.8}{0.04s^2+0.501s+0.6525}200u(t)\\&-\frac{0.25+0.02s}{0.04s^2+0.501s+0.6525}40u(t-6)\end{aligned}$$

根据上式可得转速随时间的变化曲线如下图所示。

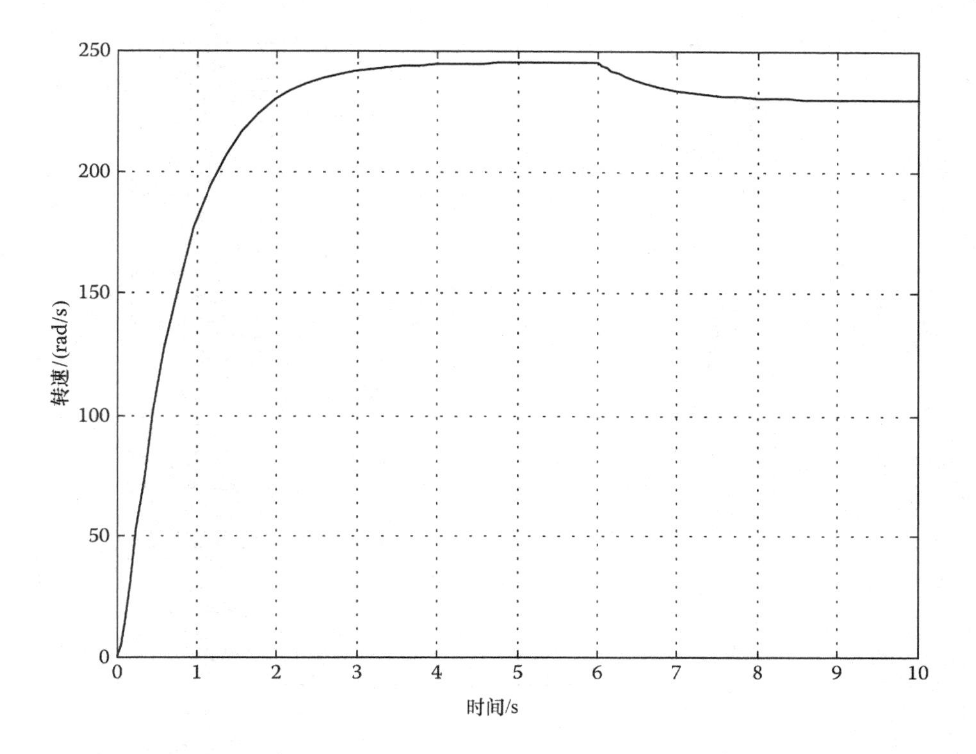

由图 3.5 可得电枢电流的拉普拉斯变换为

$$i_a(s) = \frac{B + sJ}{(R_a + sL_a)(B + sJ) + K^2} v_a(s) + \frac{K}{(R_a + sL_a)(B + sJ) + K^2} T_L(s)$$

把已知参数代入上式可得

$$i_a(s) = \frac{0.05 + 2.0s}{0.04s^2 + 0.501s + 0.6525} 200u(t) + \frac{0.8}{0.04s^2 + 0.501s + 0.6525} 40u(t-6)$$

根据上式可得电枢电流随时间的变化曲线如下图所示。

由上图可见，在 0 时刻电枢电压由 0V 突变为 200V，电枢电流快速上升到超过 600A。在实际应用中，为了不损坏电机，应避免电枢电流过大，否则会使电机的温度过高，也应避免因转矩突然大幅增加而造成对转轴的机械冲击。

例 3.3　直流电机的闭环动态特性

为了控制直流电机（例 3.2）的转速，使之等于给定转速，可以使用如下图所示的闭环反馈系统，其中比例控制器（K_p）产生一个正比于控制误差的电枢电压，控制误差为给定转速与实际转速之差。只要实际转速不等于给定转速，比例控制器就根据误差对电枢电压进行适当的调节。求闭环系统转速的拉普拉斯变换。确定电机的传递函数和比例增益 K_p，使在阶越输入下速度的稳态误差小于 2%，假设负载为零。

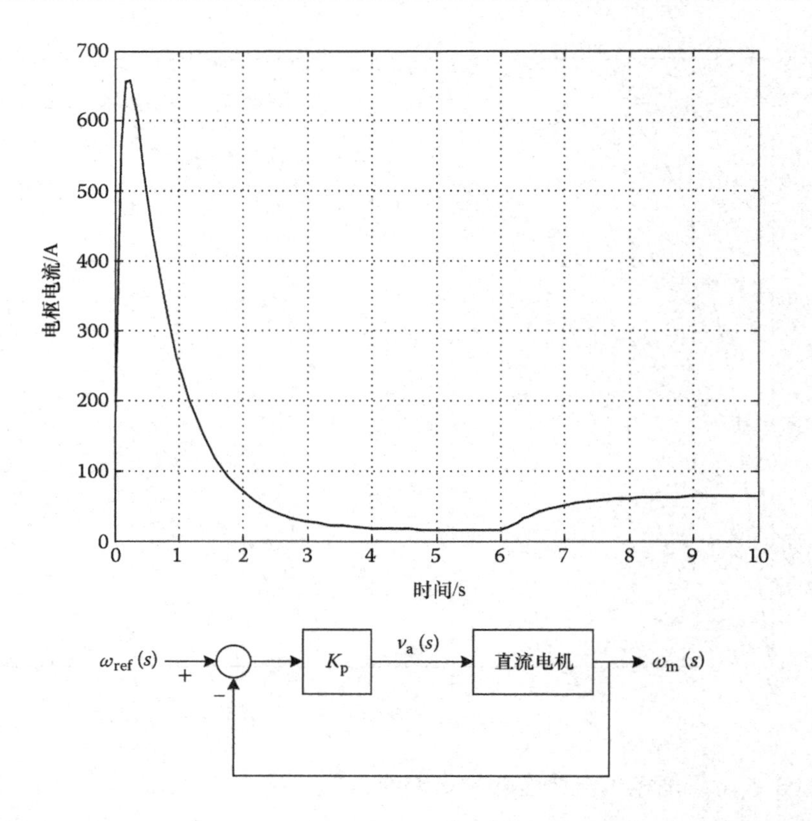

解：

负载转矩为零，即 $T_L=0$，则电机转速的拉普拉斯变换为

$$\omega_m(s)=\frac{K}{(R_a+sL_a)(B+sJ)+K^2}v_a(s)$$

闭环系统转速的拉普拉斯变换为

$$\omega_m(s)=\frac{K_pK}{(R_a+sL_a)(B+sJ)+K^2+K_pK}\omega_{ref}(s)$$

把已知参数代入上式可得

$$\omega_m(s)=\frac{0.8K_p}{0.04s^2+0.501s+0.6525+0.8K_p}\omega_{ref}(s)$$

对于一个阶越的给定转速（$\omega_{ref}=\omega_0 \mathrm{rad/s}$），利用终值定理可得稳态转速为

$$\begin{aligned}\omega_{ss}&=\lim_{s\to 0}s\frac{0.8K_p}{0.04s^2+0.501s+0.6525+0.8K_p}\frac{\omega_0}{s}\\&=\frac{0.8K_p}{0.6525+0.8K_p}\omega_0\end{aligned}$$

为使稳态误差小于2%，K_p 应满足以下条件

$$\frac{0.8K_p}{0.6525+0.8K_p}\omega_0 > 0.98\omega_0$$

或

$$K_p > 40$$

3.5　稳态性质及其传动系统的原理

3.5.1　稳态运行

状态方程（3.8）描述了他励直流电机的动态特性，当系统进入稳态时，状态变量的微分为0，利用状态方程（3.8）就可以得到系统的稳态特性，经过以上处理后，可得方程（3.11）。

$$\begin{aligned} 0 &= \frac{1}{L_a}(V_a - R_a I_a - K_f I_f \omega_m) \\ 0 &= \frac{1}{L_f}(V_f - R_f I_f) \\ 0 &= \frac{1}{J}(K_f I_f I_a - T_L - B\omega_m) \end{aligned} \tag{3.11}$$

通过对方程（3.11）进行处理，可以得到稳态转速与电枢电压、负载转矩和励磁电流的关系如下：

$$\omega_m = \frac{V_a K_f I_f - R_a T_L}{(K_f I_f)^2 + R_a B} \tag{3.12}$$

上式（3.12）表明，当负载转矩不变时，增加电枢电压 V_a 会导致电机的转速增加。降低励磁电流也可以增加电机的转速，称降低励磁电流的调速方法为弱磁调速。通常在绕组励磁直流电机的高速工况下，采用弱磁调速的方法。电机弱磁会对电枢电流产生影响，这点需要认真对待，将于3.5.2节对之进行深入地讨论。

3.5.2　传动系统

利用稳态时直流电机的性质，对励磁可调的直流电机，通过适当地调节电枢电压和励磁电流，就可以实现宽范围调速。需要讨论的问题是，如何和何时对电机的两个输入量（电枢电压和励磁电流）进行调节。

对带动恒转矩负载的直流电机，在方程（3.11）中令 $B=0$（忽略摩擦系数），则在稳态时电机转矩必然等于负载转矩，或 $K_f I_f I_a = T_L$。可见对于恒负载转矩，减小励磁电流会导致电枢电流增加。为了不增加电枢回路的损耗，通常使励磁电流为额定值，此时励磁磁路的工作点位于励磁曲线的饱和点附近。在一般情况下，励磁电流等于额定电流或维持在额定电流附近。根据以上思想，可以得到如下的电机转速控制方法。

所谓的基速是在规定负载下（通常为额定负载），供电电压为额定电压时，电机的转速。当在零速和基速之间调速时，控制方法是保持励磁电流为额定励磁电流，通过调节电枢电压来调节电机的转速。在基速以上调速时，使用弱磁的方法来调节电机的转速，同时保证电枢电流在稳态时不超过额定电流。

按照以上方法控制电机的目的是，在不增加电枢损耗的同时，保证电机满足安全运行条件的要求，安全运行条件包括电枢电流和电枢电压两方面的限制。在弱磁情况下，由方程（3.12）可知，磁场过弱，会导致电机的转速过高，这样会损坏电机。在极端情况下，如果励磁磁场为零，电机就会很快加速，若此时保护措施失灵，可能会导致电机解体。

例 3.4　速度控制模式——稳态分析

他励直流电机的电机参数如下：

电枢：$R_a=0.2\Omega$，额定电枢电压 220V，额定电枢电流 100A。

励磁和感应电压：额定励磁电流 2A，电动势常数 0.05V/(r/min)

电机运行在额定励磁电流下，负载转矩为 57.3N·m。完成以下问题：

1. 确定电机基速。

2. 当电机转速等于基速，励磁电流减少 5%，确定电机转速和电枢电流。

3. 通过弱磁调速，电机能够达到的最高转速是多少？

解：

1. 根据方程（3.8），电机的电动势常数 K_f 为 $0.05\times60/(2\pi)=0.477\text{V}/(\text{A}\times\text{rad/s})$。额定励磁电流为 2A，负载转矩为 57.3N·m，可得电枢电流为

$$I_a=\frac{T_L}{K_fI_f}=\frac{57.3}{0.477\times2.0}=60\text{A}$$

令电枢电压为额定电压 200V，利用方程（3.11）可求出基速为

$$\omega_m=\frac{V_a-R_a\text{I}_a}{K_fI_f}=\frac{220-0.2\times60}{0.477\times2.0}=218.0\text{rad/s 或 }2082\text{r/min}$$

2. 当励磁电流为 1.9A 时，电机处于稳态，负载转矩等于电机转矩，可得电枢电流为

$$I_a=\frac{T_L}{K_fI_f}=\frac{57.3}{0.477\times1.9}=63.2\text{A}$$

电机转速为

$$\omega_m=\frac{V_a-R_aI_a}{K_fI_f}=\frac{220-0.2\times63.2}{0.477\times1.9}=228.8\text{rad/s 或 }2185\text{r/min}$$

3. 弱磁时的最高转速由电枢额定电流（100A）决定，先求出励磁电流

$$I_f=\frac{T_L}{K_fI_a}=\frac{57.3}{0.477\times100}=1.2\text{A}$$

可得转速为

$$\omega_m = \frac{V_a - R_a I_a}{K_f I_f} = \frac{220 - 0.2 \times 100}{0.477 \times 1.2} = 349.4\text{rad/s} \text{ 或 } 3337\text{r/min}$$

当电枢电流小于额定电流时，对于恒转矩负载，在调压调速区域，电枢电流恒定；在弱磁调速区域，电枢电流反比于励磁电流。这意味着，在不超过额定值的情况下，在调压调速区域，输入功率按线性增加，在弱磁调速区域，按双曲线规律增加。在电机调速过程中，电枢电压和电枢电流必须小于各自的上限，因此，需要注意电枢电压和电枢电流的上限值。

在联合调压弱磁调速方法中，直流电机各变量的上限如图 3.6 所示，其中假设系统允许的最大电流为额定电流。在实际应用中，要注意图 3.6 给出的各种额定值，当电枢电压为额定电压，电枢电流为额定电枢电流，转速为基速时，电机的功率为额定功率。如果电机的转速大于基速，而转矩维持额定转矩，则意味着电机的功率大于额定功率，这是不允许的。因此，当电机的转速大于基速，电流且为额定电流时，转矩就必然要小于额定转矩，转矩的变化规律如下：

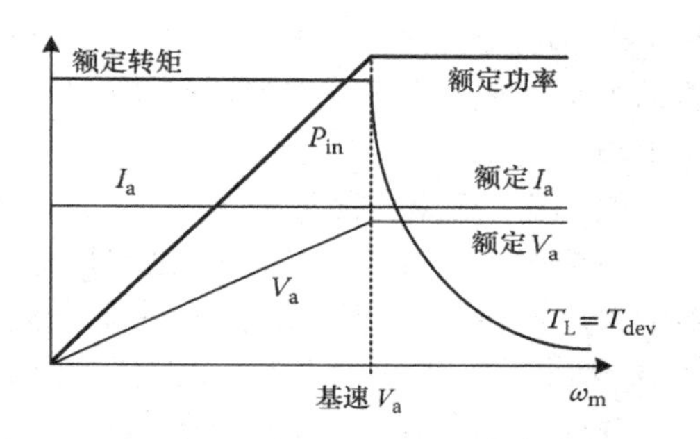

图 3.6　联合调压弱磁控制的额定上限

$$T_L = P_{rated}/\omega_m \tag{3.13}$$

方程（3.13）表明，在基频以上的弱磁调速过程中，当电流为额定电流时，电机转矩随转速成反比地下降。

3.6　直流电机的闭环速度控制

在前文介绍的联合调压弱磁控制的基础上，进一步介绍直流电机的速度闭环（如反馈）控制方法。在本节，讨论反馈系统的基本原理。在实现过程中，需要利用电力电子电路来控制电枢电压，但是为了简化起见，这里把电力电子变流器作为理想可控电压源处理。在第 8 章，将介绍变流器的具体电路和控制方法。

3.6.1　基本调压速度控制环

先介绍只通过改变电枢电压进行调速的速度控制系统，对于永磁体励磁的直流电机，只能通过改变电枢电压进行转速控制，图 3.7 给出了这种闭环系统的框图。

在系统中，速度控制器根据实际转速和给定转速之间的误差，产生控制器的输出——控制命令（cc）。例如，对于受控晶闸管整流器，cc 是晶闸管的触发角；对

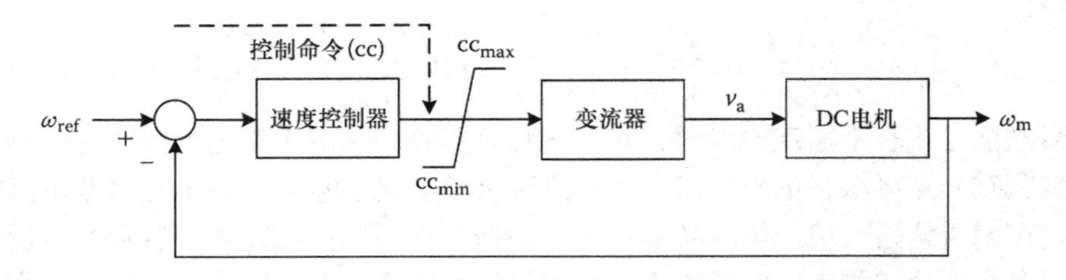

图 3.7　基本速度控制环

于 DC – DC 变流器，cc 是占空比。变流器根据 cc 信号产生所需的电压，给直流电机的电枢供电，为了使变流器输出电压不超过安全电压范围，cc 必须位于对应的上下限之间。

例 3.5　限幅的意义

考虑例 3.3 给出的直流电机控制系统，比例控制器的增益 K_P 设置为 40。用变流器给电枢供电，控制命令 cc 的变化范围 [0,1.0]，对应直流电压的变化范围 [0,400V]，如果 cc 大于 1，变流器输出电压为 400V。

速度给定为 200rad/s 的阶跃信号，负载转矩为零，电枢额定电压为 220V，分别求在 cc 有限幅时和无限幅时，电机的转速响应。

解：

零负载转矩下，电机转速的拉普拉斯变换为

$$\omega_m(s)=\frac{K}{(R_a+sL_a)(B+sJ)+K^2}v_a(s)=\frac{0.8}{(0.25+0.02s)(0.05+2s)+0.8^2}v_a(s)$$

在不进行限幅时，变流器的输入输出关系可简单的表示为 $v_a=400\times cc$。当进行限幅时，变流器的输出电压将被限制。为了使电枢电压不大于额定电压，cc 必须限制在 [0, 220/400] = [0, 0.55] 的范围内。

下图给出了控制器在限幅情况下的转速阶跃响应。

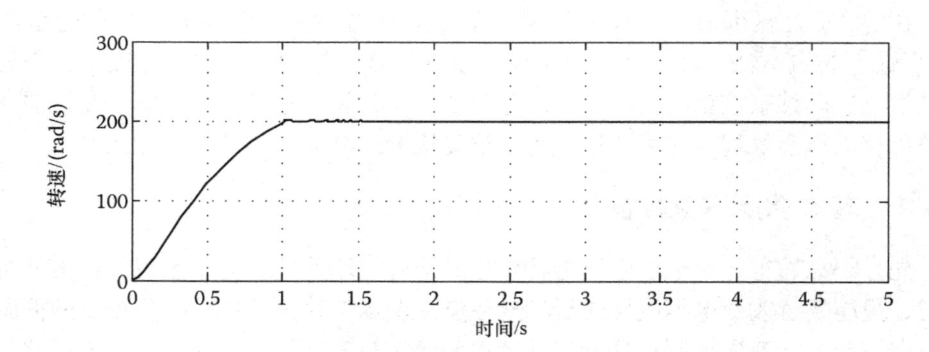

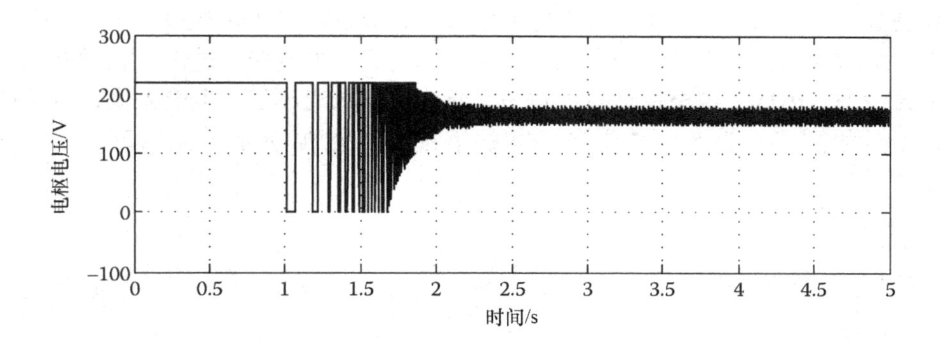

如果不进行限幅，在相同的输入下，系统的响应曲线如下图所示。此时电枢电压超过了额定值 220V，响应过程中的最大电压达到了 400V（变流器能够提供的最大电压）。仿真结果表明，在这种情况下，转速在更短的时间内达到给定转速，虽然如此，在实际系统中，也必须对控制器的输出进行限幅，这是由于大于额定值的电枢电压会损坏电机的绝缘。

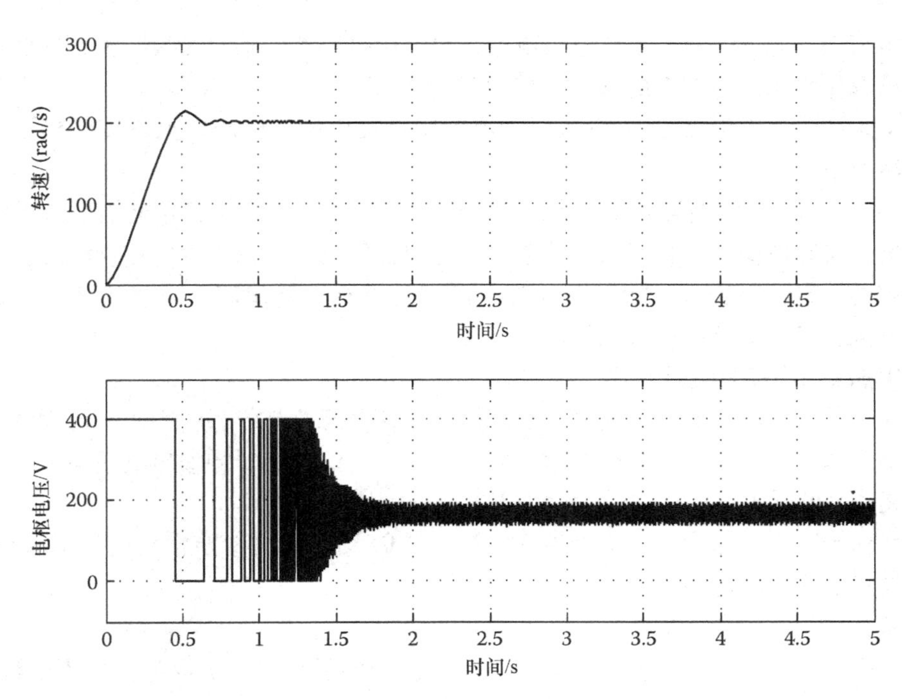

3.6.2　带有电流内环的调速系统

虽然图 3.7 给出的控制系统能够在给定转速附近对电机的转速进行调节，但是可以观察到，在这种系统中，最大电流值很大，而且电流变化剧烈。如果电枢电流过大，会增加系统的损耗，使电机发热，破坏绝缘，电流变化过快还能对电机轴造成很大冲击，因此，在电机运行过程中，希望电枢电流小于一个最大值，而且具有比较光滑的波形。为此，需要在基本的速度环中增加一个电流内环，如图 3.8 所示。

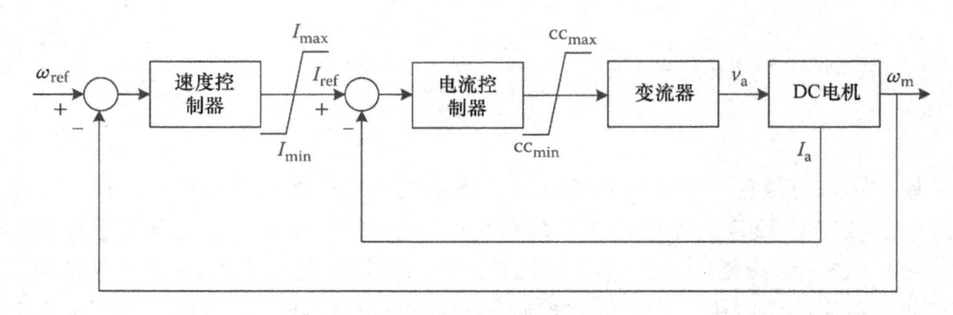

图 3.8　带有电流内环的速度控制

根据系统允许的最大正负电枢电流，对速度控制器的输出进行限幅，速度控制器的输出作为电流控制器的输入。电流控制器产生控制命令信号 cc，cc 作为变流器的输入信号，根据信号 cc 变流器给电枢绕组提供所需电压，最终使电机运行在给定转速下。

注意：虽然为给定电流 I_{ref} 设置了限幅值，但并不能保证实际电枢电流不超过限幅值。实际电流是否超过限幅值取决于电流控制器对电枢电流的控制程度。如果电流控制器设计得当，实际电枢电流会跟随（带有少量超调）电流给定值，这样实际电流就不会显著超过限幅值。

例 3.6　内环电流控制器

对于例 3.5 给出的直流电机，速度控制器和电流控制器都使用比例控制器，增益分别为 20.0 和 40.0。额定电枢电流为 100A，电流控制器的输出限幅保证电枢电压不超过 220V。

在初始时刻，速度给定信号为 0，在 $t=1.0\text{s}$ 时，速度给定信号变为 200rad/s，绘制电机的速度响应曲线。

解：

下图给出了系统的阶跃响应曲线，同时也给出了给定及实际电枢电流的波形，从电流波形中，可以清晰地看到电流控制器的限幅作用。

在以上系统的设计过程中，需要得到电枢电流的传递函数（以电枢电压为输入），该传递函数已于例 3.2 中得到。

弱磁调速方法仅适用于绕组励磁的直流电机。在实现过程中，需要附加一个控制环，当转速达到基速时，该控制环开始工作。在本章的习题中，将讨论一个使用

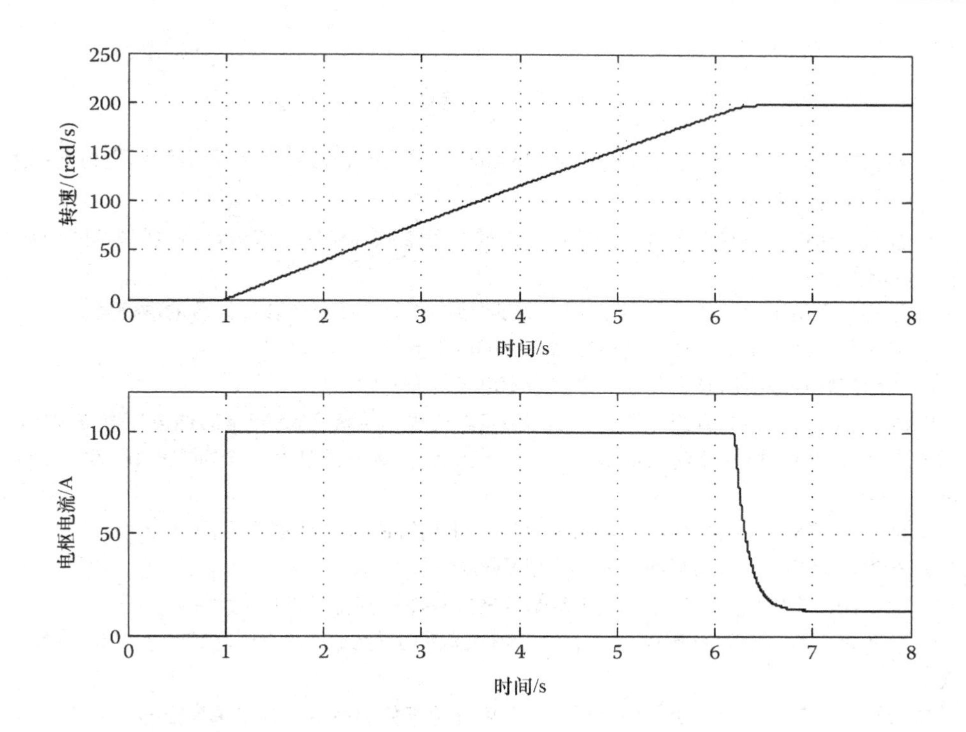

联合调压弱磁控制的调速系统。

3.7　调速系统的变流器电路

如 3.6 节所述，在实际的调速系统中，需要使用电力电子变换电路，根据外部控制信号改变电枢的供电电压。电力电子变流器就是这类电能变换装置，被广泛地应用在电机传动系统中，但是在其输出的电压或电流中，含有一些不理想的因素，例如谐波。虽然有必要研究这些不理想因素对电机的影响，但是为了突出变流器的基本作用，即为电机提供可控的电压（或电流），在本书中不考虑这些不理想因素。在第 8 章中，将介绍一些在实际直流调速系统中应用的电力电子电路。

3.8　结束语

在参考文献中，给出关于直流电机及其稳态、瞬态运行的相关参考文献。文献［1］和文献［2］讲述了直流电机的稳态和瞬态特性。在文献［3］中，对直流电机传动系统中广泛应用的相关电路的工作原理进行了介绍。文献［4］介绍了在直流电机制造和运行过程中的大量应用细节。文献［5］对直流发电机进行了详细的分析。

习　题

1. 根据图 3.5，用机械时间常数 $\tau_m = J/B$ 和电气时间常数 $\tau_e = L_a/R_a$，表示以电枢电压为输入的电机转速的拉普拉斯变换。

2. 直流电机电枢电路的电气时间常数比机械时间常数小得多，求出忽略电气时间常数的电机转速的降阶传递函数。

3. 以例 3.2 给出的直流电机为对象，讨论习题 2 中得到的降阶传递函数的准确度。

4. 对于例 3.3 给出的闭环速度控制器，完成以下问题：

a. 当给定转速发生阶跃变化时，求出电枢电压的表达式。

b. 对于例 3.2 给出的直流电机，求出当给定转速由零阶跃到 80rad/s 时的电枢电压波形。并给出转速稳定时间、控制器输出的最大电枢给定电压。该电压是否符合额定电压 200V 的限制要求?

c. 修改仿真程序，把电枢电压限幅为 200V，求出转速稳定时间。

d. 根据以上结果，指出限幅环节对整个系统的重要作用。

5. 对于例 3.4 给出的直流电机，确定基速随负载转矩变化的函数关系。

6. 对于例 3.5 给出的直流电机，求出电枢电流的表达式，并画出电枢电流随时间的变化曲线。

7. 设计一个他励直流电机的联合调压弱磁闭环速度控制系统，画出系统框图。

8. 写出串励直流电机的状态方程和稳态方程，并与他励直流电机进行比较。确定串励直流电机的转矩随转速变化的函数关系。

参考文献

1. A. E. Fitzgerald, C. Kingsley, S. D. Umans, *Electric Machinery*, sixth edition, New York, McGraw-Hill, 2003.
2. P. C. Sen, *Principles of Electric Machine and Power Electronics*, second edition, New York, John Wiley and Sons, 1997.
3. R. Krishnan, *Electric Motor Drives: Modeling, Analysis and Control*, Upper Saddle River, NJ, Prentice Hall, 2001.
4. T. Wildi, *Electrical Machines, Drives and Power Systems*, sixth edition, Upper Saddle River, NJ, Prentice Hall, 2006.
5. S. J. Chapman, *Electric Machinery Fundamentals*, fourth edition, New York, McGraw-Hill, 2005.

第4章　感应电机模型

4.1　引言

在第1章和第2章，讨论了交流电机的运行原理、绕组的形式和电感的计算方法。需要特别注意的是，交流电机的某些电感值，例如交流电机定子绕组和转子绕组的互感，不是常数，而与转子的位置有关，是随时间变化的变量。

本章首先建立了abc坐标系上的感应电机方程。由第2章可知，对于分布式绕组，可以用一个正弦分布的绕组进行高度精确地等效，因此，在建立数学模型时，假设绕组按正弦分布，利用正弦分布的性质求得对应的电感值。

然后，介绍了各种坐标系之间的坐标变换方法，变换后的电感值为常值，经过变换得到的数学模型不仅保留了电机的物理性质，而且还可以用之更直接地分析电机的特性。

4.2　在abc坐标系上的电机方程

图4.1为三相感应电机的结构图，为了清晰起见，用集中式绕组表示正弦分布绕组。虽然图4.1中给出的是两极电机，但是如果在表达式中使用电角度，那么利用两极电机得到的表达式也适用于多极电机。

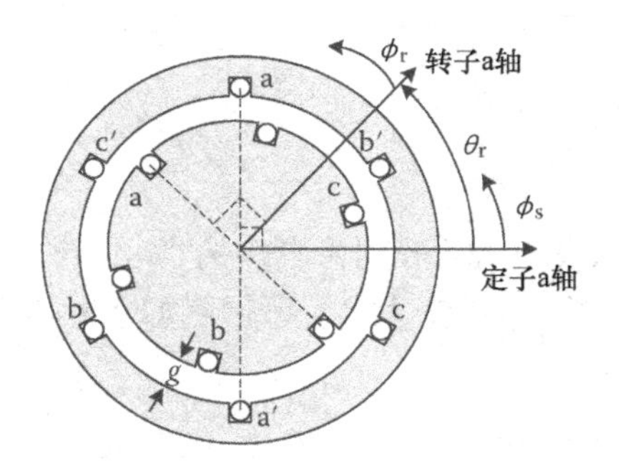

图4.1　三相圆形转子感应电机

定子绕组和转子绕组（按正弦分布）的匝数密度函数为

$$n_s(\phi_s)=\frac{N_s}{2}\left|\sin(\phi_s)\right|$$

$$n_r(\phi_r)=\frac{N_r}{2}\left|\sin(\phi_r)\right| \tag{4.1}$$

式中，N_s 和 N_r 分别为每相定子、转子绕组的总匝数。

利用第2章介绍的方法，可得方程（4.2）所示的电感表达式，其中符号′表示在转子电路中的转子变量（未经过折算）。

$$\boldsymbol{L}_{\mathrm{s}}=\begin{bmatrix} L_{\mathrm{ls}}+L_{\mathrm{ms}} & -\frac{1}{2}L_{\mathrm{ms}} & -\frac{1}{2}L_{\mathrm{ms}} \\ -\frac{1}{2}L_{\mathrm{ms}} & L_{\mathrm{ls}}+L_{\mathrm{ms}} & -\frac{1}{2}L_{\mathrm{ms}} \\ -\frac{1}{2}L_{\mathrm{ms}} & -\frac{1}{2}L_{\mathrm{ms}} & L_{\mathrm{ls}}+L_{\mathrm{ms}} \end{bmatrix}$$

$$\boldsymbol{L}'_{\mathrm{r}}=\begin{bmatrix} L'_{\mathrm{lr}}+L'_{\mathrm{mr}} & -\frac{1}{2}L'_{\mathrm{mr}} & -\frac{1}{2}L'_{\mathrm{mr}} \\ -\frac{1}{2}L'_{\mathrm{mr}} & L'_{\mathrm{lr}}+L'_{\mathrm{mr}} & -\frac{1}{2}L'_{\mathrm{mr}} \\ -\frac{1}{2}L'_{\mathrm{mr}} & -\frac{1}{2}L'_{\mathrm{mr}} & L'_{\mathrm{lr}}+L'_{\mathrm{mr}} \end{bmatrix}$$

$$\boldsymbol{L}'_{\mathrm{sr}}=L'_{\mathrm{sr}}\begin{bmatrix} \cos(\theta_{\mathrm{r}}) & \cos\left(\theta_{\mathrm{r}}+\frac{2\pi}{3}\right) & \cos\left(\theta_{\mathrm{r}}-\frac{2\pi}{3}\right) \\ \cos\left(\theta_{\mathrm{r}}-\frac{2\pi}{3}\right) & \cos(\theta_{\mathrm{r}}) & \cos\left(\theta_{\mathrm{r}}+\frac{2\pi}{3}\right) \\ \cos\left(\theta_{\mathrm{r}}+\frac{2\pi}{3}\right) & \cos\left(\theta_{\mathrm{r}}-\frac{2\pi}{3}\right) & \cos(\theta_{\mathrm{r}}) \end{bmatrix} \tag{4.2}$$

其中，

$$\begin{aligned} L_{\mathrm{ms}} &= \left(\frac{N_{\mathrm{s}}}{2}\right)^2 \frac{\pi\mu_0 rl}{g} \\ L'_{\mathrm{mr}} &= \left(\frac{N_{\mathrm{r}}}{2}\right)^2 \frac{\pi\mu_0 rl}{g} \\ L'_{\mathrm{sr}} &= \left(\frac{N_{\mathrm{s}}}{2}\right)\left(\frac{N_{\mathrm{r}}}{2}\right)\frac{\pi\mu_0 rl}{g} \end{aligned} \tag{4.3}$$

变量 r 和 l 分别为电机的半径和长度，g 为气隙长度。

利用电感表达式，可得到如下的电压方程

$$\begin{aligned} \boldsymbol{v}_{\mathrm{abc-s}} &= \boldsymbol{r}_{\mathrm{s}}\boldsymbol{i}_{\mathrm{abc-s}}+\frac{\mathrm{d}}{\mathrm{d}t}\boldsymbol{\lambda}_{\mathrm{abc-s}} \\ \boldsymbol{v}'_{\mathrm{abc-r}} &= \boldsymbol{r}'_{\mathrm{r}}\boldsymbol{i}'_{\mathrm{abc-r}}+\frac{\mathrm{d}}{\mathrm{d}t}\boldsymbol{\lambda}'_{\mathrm{abc-r}} \end{aligned} \tag{4.4}$$

和磁链方程

$$\begin{aligned} \boldsymbol{\lambda}_{\mathrm{abc-s}} &= \boldsymbol{L}_{\mathrm{s}}\boldsymbol{i}_{\mathrm{abc-s}}+\boldsymbol{L}'_{\mathrm{sr}}\boldsymbol{i}'_{\mathrm{abc-r}} \\ \boldsymbol{\lambda}'_{\mathrm{abc-r}} &= (\boldsymbol{L}'_{\mathrm{sr}})^{\mathrm{T}}\boldsymbol{i}_{\mathrm{abc-s}}+\boldsymbol{L}'_{\mathrm{r}}\boldsymbol{i}'_{\mathrm{abc-r}} \end{aligned} \tag{4.5}$$

其中，

$$
\begin{aligned}
&\boldsymbol{v}_{\mathrm{abc-s}} = [v_{\mathrm{as}} \quad v_{\mathrm{bs}} \quad v_{\mathrm{cs}}]^{\mathrm{T}} \\
&\boldsymbol{v}'_{\mathrm{abc-r}} = [v'_{\mathrm{ar}} \quad v'_{\mathrm{br}} \quad v'_{\mathrm{cr}}]^{\mathrm{T}} \\
&\boldsymbol{i}_{\mathrm{abc-s}} = [i_{\mathrm{as}} \quad i_{\mathrm{bs}} \quad i_{\mathrm{cs}}]^{\mathrm{T}} \\
&\boldsymbol{i}'_{\mathrm{abc-r}} = [i'_{\mathrm{ar}} \quad i'_{\mathrm{br}} \quad i'_{\mathrm{cr}}]^{\mathrm{T}} \\
&\boldsymbol{\lambda}_{\mathrm{abc-s}} = [\lambda_{\mathrm{as}} \quad \lambda_{\mathrm{bs}} \quad \lambda_{\mathrm{cs}}]^{\mathrm{T}} \\
&\boldsymbol{\lambda}'_{\mathrm{abc-r}} = [\lambda'_{\mathrm{ar}} \quad \lambda'_{\mathrm{br}} \quad \lambda'_{\mathrm{cr}}]^{\mathrm{T}} \\
&\boldsymbol{r}_{\mathrm{s}} = diag(r_{\mathrm{s}}),\ \boldsymbol{r}'_{\mathrm{r}} = diag(r'_{\mathrm{r}})
\end{aligned} \tag{4.6}
$$

对上述方程进行简化，利用匝数比把转子侧变量折算到定子侧，折算前后各变量的关系如下：

$$
\begin{aligned}
&\boldsymbol{\lambda}_{\mathrm{abc-r}} = \frac{N_{\mathrm{s}}}{N_{\mathrm{r}}}\boldsymbol{\lambda}'_{\mathrm{abc-r}} \\
&\boldsymbol{i}_{\mathrm{abc-r}} = \frac{N_{\mathrm{r}}}{N_{\mathrm{s}}}\boldsymbol{i}'_{\mathrm{abc-r}} \\
&\boldsymbol{v}_{\mathrm{abc-r}} = \frac{N_{\mathrm{s}}}{N_{\mathrm{r}}}\boldsymbol{v}'_{\mathrm{abc-r}}
\end{aligned} \tag{4.7}
$$

其中，$\boldsymbol{\lambda}_{\mathrm{abc-r}}$、$\boldsymbol{i}_{\mathrm{abc-r}}$和$\boldsymbol{v}_{\mathrm{abc-r}}$分别为折算到定子侧后的转子磁链、电流和电压，折算后得到的电压方程为

$$
\begin{aligned}
&\boldsymbol{v}_{\mathrm{abc-s}} = \boldsymbol{r}_{\mathrm{s}}\boldsymbol{i}_{\mathrm{abc-s}} + \frac{\mathrm{d}}{\mathrm{d}t}\boldsymbol{\lambda}_{\mathrm{abc-s}} \\
&\boldsymbol{v}_{\mathrm{abc-r}} = \boldsymbol{r}_{\mathrm{s}}\boldsymbol{i}_{\mathrm{abc-r}} + \frac{\mathrm{d}}{\mathrm{d}t}\boldsymbol{\lambda}_{\mathrm{abc-r}}
\end{aligned} \tag{4.8}
$$

磁链方程

$$
\begin{aligned}
&\boldsymbol{\lambda}_{\mathrm{abc-s}} = \boldsymbol{L}_{\mathrm{s}}\boldsymbol{i}_{\mathrm{abc-s}} + \boldsymbol{L}_{\mathrm{sr}}\boldsymbol{i}_{\mathrm{abc-r}} \\
&\boldsymbol{\lambda}_{\mathrm{abc-r}} = (\boldsymbol{L}_{\mathrm{sr}})^{\mathrm{T}}\boldsymbol{i}_{\mathrm{abc-s}} + \boldsymbol{L}_{\mathrm{r}}\boldsymbol{i}_{\mathrm{abc-r}}
\end{aligned} \tag{4.9}
$$

其中

$$
\boldsymbol{L}_{\mathrm{r}} = \left(\frac{N_{\mathrm{s}}}{N_{\mathrm{r}}}\right)^2 \boldsymbol{L}'_{\mathrm{r}} = \begin{bmatrix} L_{\mathrm{lr}} + L_{\mathrm{ms}} & -\frac{1}{2}L_{\mathrm{ms}} & -\frac{1}{2}L_{\mathrm{ms}} \\ -\frac{1}{2}L_{\mathrm{ms}} & L_{\mathrm{lr}} + L_{\mathrm{ms}} & -\frac{1}{2}L_{\mathrm{ms}} \\ -\frac{1}{2}L_{\mathrm{ms}} & -\frac{1}{2}L_{\mathrm{ms}} & L_{\mathrm{lr}} + L_{\mathrm{ms}} \end{bmatrix}
$$

$$
\boldsymbol{L}_{\mathrm{lr}} = \left(\frac{N_{\mathrm{s}}}{N_{\mathrm{r}}}\right)^2 \boldsymbol{L}'_{\mathrm{lr}}
$$

$$
\boldsymbol{L}_{sr} = L_{ms}\begin{bmatrix} \cos(\theta_r) & \cos\left(\theta_r + \frac{2\pi}{3}\right) & \cos\left(\theta_r - \frac{2\pi}{3}\right) \\ \cos\left(\theta_r - \frac{2\pi}{3}\right) & \cos(\theta_r) & \cos\left(\theta_r + \frac{2\pi}{3}\right) \\ \cos\left(\theta_r + \frac{2\pi}{3}\right) & \cos\left(\theta_r - \frac{2\pi}{3}\right) & \cos(\theta_r) \end{bmatrix}
$$

$$
\boldsymbol{r}_r = \left(\frac{N_s}{N_r}\right)^2 \boldsymbol{r}'_r \tag{4.10}
$$

可见，转子绕组和定子绕组之间的互感是随着转子位置变化而变化的，也是随着时间变化而变化的，这不便于对电机特性进行分析。因而，在本章的后文，将对方程（4.8）和方程（4.9）进行数学变换，将其从 abc 坐标系变换到新的坐标系，在新的坐标系中电感将变为常数。

4.3 电机方程的坐标变换

4.3.1 坐标变换的原理

在三相系统（abc）中，考虑任意一个三相变量，例如三相电压、三相电流等。该三相变量的三个分量分别表示为 $x_a(t)$、$x_b(t)$、$x_c(t)$，如下的变换矩阵可以把 abc 坐标系中的变量变换到 qd0 坐标系中。

$$
\boldsymbol{T} = \frac{2}{3}\begin{bmatrix} \cos\theta & \cos\left(\theta - \frac{2}{3}\pi\right) & \cos\left(\theta + \frac{2}{3}\pi\right) \\ \sin\theta & \sin\left(\theta - \frac{2}{3}\pi\right) & \sin\left(\theta + \frac{2}{3}\pi\right) \\ 1/2 & 1/2 & 1/2 \end{bmatrix} \tag{4.11}
$$

利用变换矩阵，坐标变换可表示为

$$
\boldsymbol{x}_{qd0} = \boldsymbol{T}\boldsymbol{x}_{abc} \tag{4.12}
$$

其中，

$$
\boldsymbol{x}_{qd0} = [x_q \quad x_d \quad x_0]^T, \boldsymbol{x}_{abc} = [x_a \quad x_b \quad x_c]^T \tag{4.13}
$$

变量 θ 为任意角度，可以是时间的函数，$\omega = d\theta/dt$，ω 不同变换矩阵也不同。若任意选择 ω，则变换后的 qd0 坐标系为任意坐标系。在电机控制中，常用的坐标系有静止坐标系（$\omega=0$）、同步旋转坐标系和转子坐标系。

为了对坐标变换进行更加深入的理解，观察图 4.2，可以发现方程（4.12）给出的坐标变换，相当于把三个矢量（长度分别为 x_a、x_b、x_c，方向为间隔 120°的 abc 轴）投影到 d、q 轴上。

图 4.2 仅是便于理解坐标变换的示意图，不能认为 abc 坐标系上的 x_a、x_b、x_c 是矢量，变换矩阵仅是在两组时域变量之间的变换关系，进一步，$x_a(t)$、$x_b(t)$、

$x_c(t)$可以是电压、电流、磁链等任意形式，而且坐标变换也不局限于三相系统。

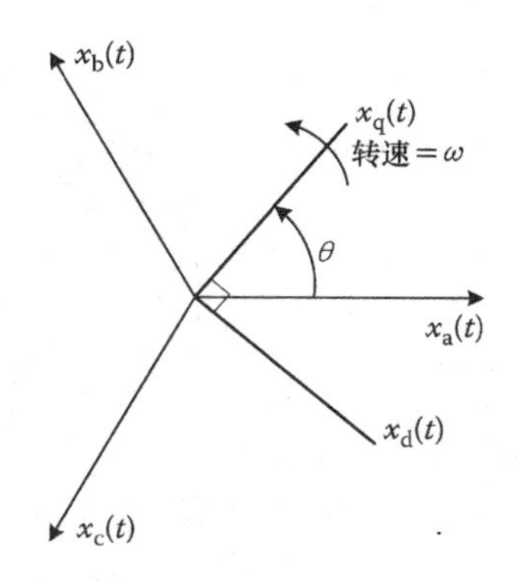

图4.2 变换到任意坐标系的示意图

例4.1 平衡变量的变换

考虑如下的平衡三相变量：

$$x_a(t) = X_m\cos(\omega_0 t + \alpha)$$

$$x_b(t) = X_m\cos\left(\omega_0 t + \alpha - \frac{2}{3}\pi\right)$$

$$x_c(t) = X_m\cos\left(\omega_0 t + \alpha + \frac{2}{3}\pi\right)$$

参考坐标系的角度 $\theta(t) = \omega_0 t + \theta_0$，确定对应的qd0分量。

解：

参考坐标系以同步转速 ω_0 旋转，因此经计算可得

$$x_q = X_m\cos[\alpha - \theta(0)],\ x_d = -X_m\sin[\alpha - \theta(0)],\ x_0 = 0$$

或

$$x_q = X_m\cos(\alpha),\ x_d = -X_m\sin(\alpha),\ x_0 = 0，假如\ \theta(0) = 0$$

由于参考坐标系的角速度等于abc坐标系中各变量的角频率，所以经过变换所得的变量 x_q、x_d 和 x_0 为常数。另外，可以证明如下的相量表达式是成立的。

$$\text{a 相相量} = \boldsymbol{X} = \frac{X_m}{\sqrt{2}}e^{j\alpha} = \frac{1}{\sqrt{2}}(X_m\cos\alpha + jX_m\sin\alpha) = \frac{1}{\sqrt{2}}(x_q - jx_d)$$

这是一个重要的结论，揭示了正弦变量的相量表达式与同步旋转坐标系中的q、d轴分量之间的关系。

以上的坐标变换是可逆的，使用如下的逆矩阵，可以得到abc坐标系中的变量。

$$\boldsymbol{T}^{-1} = \begin{bmatrix} \cos\theta & \sin(\theta) & 1 \\ \cos\left(\theta - \frac{2}{3}\pi\right) & \sin\left(\theta - \frac{2}{3}\pi\right) & 1 \\ \cos\left(\theta + \frac{2}{3}\pi\right) & \sin\left(\theta + \frac{2}{3}\pi\right) & 1 \end{bmatrix} \tag{4.14}$$

对应的坐标变换可以表示为

$$\boldsymbol{x}_{abc} = \boldsymbol{T}^{-1}\boldsymbol{x}_{qd0} \tag{4.15}$$

4.3.2 磁链方程和电压方程的变换

在4.3.1节中介绍的变换，可以把感应电机的定子变量和转子变量变换到任意参考坐标系中。在图4.3中，把任意参考坐标系叠加在了感应电机的结构图（见图4.1）上。

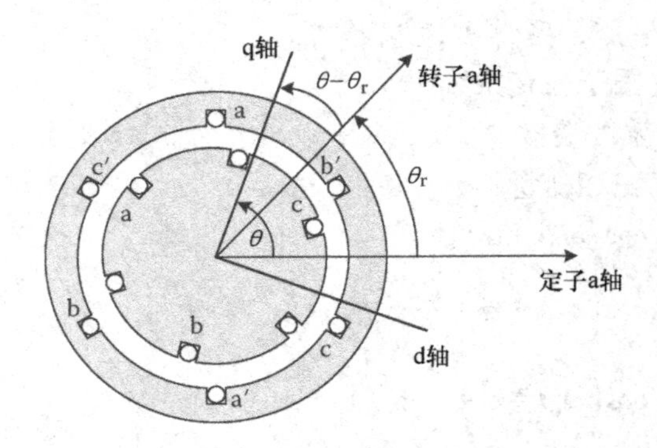

图 4.3 感应电机与任意参考坐标系

在图中可见，q 轴超前于定子 a 轴，两者的夹角为 θ，同时超前于转子 a 轴，两者的夹角为 $\theta-\theta_r$，对于定子量的变换矩阵为

$$\boldsymbol{T}_s=\frac{2}{3}\begin{bmatrix}\cos\theta & \cos\left(\theta-\frac{2}{3}\pi\right) & \cos\left(\theta+\frac{2}{3}\pi\right)\\ \sin(\theta) & \sin\left(\theta-\frac{2}{3}\pi\right) & \sin\left(\theta+\frac{2}{3}\pi\right)\\ 1/2 & 1/2 & 1/2\end{bmatrix} \tag{4.16}$$

对于转子量的变换矩阵为

$$\boldsymbol{T}_r=\frac{2}{3}\begin{bmatrix}\cos(\theta-\theta_r) & \cos\left(\theta-\theta_r-\frac{2}{3}\pi\right) & \cos\left(\theta-\theta_r+\frac{2}{3}\pi\right)\\ \sin(\theta-\theta_r) & \sin\left(\theta-\theta_r-\frac{2}{3}\pi\right) & \sin\left(\theta-\theta_r+\frac{2}{3}\pi\right)\\ 1/2 & 1/2 & 1/2\end{bmatrix} \tag{4.17}$$

利用以上变换矩阵，对 abc 坐标系中的磁链方程（4.9）进行变换，得到 qd0 坐标系中的磁链方程

$$\begin{aligned}\boldsymbol{\lambda}_{qd0-s}&=\boldsymbol{T}_s\boldsymbol{L}_s\boldsymbol{T}_s^{-1}\boldsymbol{i}_{qd0-s}+\boldsymbol{T}_s\boldsymbol{L}_{sr}\boldsymbol{T}_r^{-1}i_{qd0-r}\\ \boldsymbol{\lambda}_{qd0-r}&=\boldsymbol{T}_r(\boldsymbol{L}_{sr})^{T}\boldsymbol{T}_s^{-1}\boldsymbol{i}_{qd0-s}+\boldsymbol{T}_r\boldsymbol{L}_r\boldsymbol{T}_r^{-1}i_{qd0-r}\end{aligned} \tag{4.18}$$

可以简化为

$$\begin{aligned}\lambda_{qs}&=(L_{ls}+L_M)i_{qs}+L_Mi_{qr}\\ \lambda_{ds}&=(L_{ls}+L_M)i_{ds}+L_Mi_{dr}\\ \lambda_{0s}&=L_{ls}i_{0s}\\ \lambda_{qr}&=(L_{lr}+L_M)i_{qr}+L_Mi_{qs}\\ \lambda_{dr}&=(L_{lr}+L_M)i_{dr}+L_Mi_{ds}\\ \lambda_{0r}&=L_{lr}i_{0r}\end{aligned} \tag{4.19}$$

其中，

$$L_{\mathrm{M}} = \frac{3}{2}L_{\mathrm{ms}}$$

对方程（4.8）进行类似的变换有

$$\begin{aligned}
\boldsymbol{v}_{\mathrm{qd0-s}} &= \boldsymbol{T}_{\mathrm{s}}\boldsymbol{r}_{\mathrm{s}}\boldsymbol{T}_{\mathrm{s}}^{-1}\boldsymbol{i}_{\mathrm{qd0-s}} + \boldsymbol{T}_{\mathrm{s}}\frac{\mathrm{d}}{\mathrm{d}t}(\boldsymbol{T}_{\mathrm{s}}^{-1}\boldsymbol{\lambda}_{\mathrm{qd0-s}}) \\
\boldsymbol{v}_{\mathrm{qd0-r}} &= \boldsymbol{T}_{\mathrm{r}}\boldsymbol{r}_{\mathrm{r}}\boldsymbol{T}_{\mathrm{r}}^{-1}\boldsymbol{i}_{\mathrm{qd0-r}} + \boldsymbol{T}_{\mathrm{r}}\frac{\mathrm{d}}{\mathrm{d}t}(\boldsymbol{T}_{\mathrm{r}}^{-1}\boldsymbol{\lambda}_{\mathrm{qd0-r}})
\end{aligned} \tag{4.20}$$

可以简化为

$$\begin{aligned}
v_{\mathrm{qs}} &= r_{\mathrm{s}}i_{\mathrm{qs}} + \omega\lambda_{\mathrm{ds}} + \frac{\mathrm{d}}{\mathrm{d}t}\lambda_{\mathrm{qs}} \\
v_{\mathrm{ds}} &= r_{\mathrm{s}}i_{\mathrm{ds}} - \omega\lambda_{\mathrm{qs}} + \frac{\mathrm{d}}{\mathrm{d}t}\lambda_{\mathrm{ds}} \\
v_{0\mathrm{s}} &= r_{\mathrm{s}}i_{0\mathrm{s}} + \frac{\mathrm{d}}{\mathrm{d}t}\lambda_{0\mathrm{s}} \\
(0=)v_{\mathrm{qr}} &= r_{\mathrm{r}}i_{\mathrm{qr}} + (\omega - \omega_{\mathrm{r}})\lambda_{\mathrm{dr}} + \frac{\mathrm{d}}{\mathrm{d}t}\lambda_{\mathrm{qr}} \\
(0=)v_{\mathrm{dr}} &= r_{\mathrm{r}}i_{\mathrm{dr}} - (\omega - \omega_{\mathrm{r}})\lambda_{\mathrm{qr}} + \frac{\mathrm{d}}{\mathrm{d}t}\lambda_{\mathrm{dr}} \\
v_{0\mathrm{r}} &= r_{\mathrm{r}}i_{0\mathrm{r}} + \frac{\mathrm{d}}{\mathrm{d}t}\lambda_{0\mathrm{r}}
\end{aligned} \tag{4.21}$$

其中，$\omega = \mathrm{d}\theta/\mathrm{d}t$，$\omega_{\mathrm{r}} = \mathrm{d}\theta_{\mathrm{r}}/\mathrm{d}t$ 分别为参考坐标系的转速和转子转速（均以电角度为单位）。对于转子短路的感应电机，转子电压为零，转子电压方程中的（0 =）即对应于这种情况。

把电机方程变换到任意参考坐标系后，如磁链方程（4.19）所示，电感不再随时间变化而变化，这是所得数学模型的一个很重要的优点，在以后的分析和仿真过程中，该特性将被证明非常有用。

4.3.3　电机转矩方程的变换

为了得到在任意参考坐标系中的感应电机运动方程，需要得到用 qd0 量表示的电机转矩的表达式。

忽略感应电机铁心材料的非线性，这时电机的定子绕组和转子绕组可以被看成多个互相耦合的线圈，这种情况对应于在第 1 章中讨论的耦合线性电感多励磁系统。把相关变量代入到磁共能表达式方程（1.24）中有

$$W'_{\mathrm{F}}(\boldsymbol{i}_{\mathrm{abc-s}},\boldsymbol{i}_{\mathrm{abc-r}},\theta_{\mathrm{r}}) = \frac{1}{2}[\boldsymbol{i}_{\mathrm{abc-s}}^{T} \quad \boldsymbol{i}_{\mathrm{abc-r}}^{T}]\begin{bmatrix}\boldsymbol{L}_{\mathrm{s}} - L_{\mathrm{ls}}\boldsymbol{I}_3 & \boldsymbol{L}_{\mathrm{sr}}(\theta_{\mathrm{r}}) \\ \boldsymbol{L}_{\mathrm{sr}}^{T}(\theta_{\mathrm{r}}) & \boldsymbol{L}_{r} - L_{\mathrm{lr}}\boldsymbol{I}_3\end{bmatrix}\begin{bmatrix}\boldsymbol{i}_{\mathrm{abc-s}} \\ \boldsymbol{i}_{\mathrm{abc-r}}\end{bmatrix} \tag{4.22}$$

式中，$\boldsymbol{I}_3$ 为 3×3 的单位矩阵。

注意，在上式（4.22）的定转子电感矩阵中不含有漏感项，其原因在于存储于漏感中的能量对电机转矩不产生影响。根据方程（1.26），可以得到如下的表达式：

$$T_e = \frac{P}{2}\frac{\mathrm{d}}{\mathrm{d}\theta_r}W'_F(\boldsymbol{i}_{abc-s},\boldsymbol{i}_{abc-r},\theta_r) = \frac{P}{2}\boldsymbol{i}_{abc-s}^T\frac{\mathrm{d}}{\mathrm{d}\theta_r}\boldsymbol{L}_{sr}(\theta_r)\boldsymbol{i}_{abc-r} \tag{4.23}$$

因为电机转矩是磁共能对实际机械角度的微分，而 θ_r 是电角度，θ_r 除以 $P/2$ 后得到机械角度，所以在上式中出现了 $P/2$ 项。

根据在 abc 坐标系上的转矩表达式（4.23），可以得到在参考坐标系上用 qd0 变量表示的等效转矩表达式：

$$T_e = \frac{P}{2}(\boldsymbol{T}_s^{-1}i_{qd0-s})^T\frac{\mathrm{d}}{\mathrm{d}\theta_r}\boldsymbol{L}_{sr}(\theta_r)(T_r^{-1}\boldsymbol{i}_{qd0-r}) \tag{4.24}$$

可简化为

$$T_e = \frac{3}{2}\frac{P}{2}L_M(i_{qs}i_{dr} - i_{ds}i_{qr}) \tag{4.25}$$

电机转矩（以转速方向为正）与负载转矩共同决定电机的转速，电机的运动方程为

$$T_e = B\omega_m + J\frac{\mathrm{d}\omega_m}{\mathrm{d}t} + T_L \tag{4.26}$$

其中，$\omega_m = 2\omega_r/P$ 为电机的机械转速（rad/s），B 为阻尼系数，J 为转动惯量，T_L 为负载转矩。

把定转子电流用磁链代替［方程（4.19）］，可以得到另外形式的电机转矩表达式，在本章的习题中将对其他形式的转矩表达式进行研究。

方程（4.19）、（4.21）、（4.25）和（4.26）就是电机的 qd0 模型，在方程中使用了 qd0 变量，描述了电机的动态特性。利用 qd0 变量通过逆变换也可以确定 abc 坐标系上的变量值。

4.4 稳态模型的推导

除了可以用来分析电机的瞬态行为，在 4.3 节中给出的动态方程，还可以用来得到电机的稳态模型，当电机运行在稳态时，电压、电流和磁链等变量都为正弦波。虽然通过其他方法也可以得到电机的稳态模型，而通过动态方程得到稳态模型的方法，强调了电机稳态行为只是电机动态行为的一个特例。在推导过程中，可以体会到坐标变换理论的重要作用，从而对理解稳态模型的推导过程是非常有益的。

在推导前，先从物理学的角度简要地回顾一下，由正弦电压供电的感应电机具有的特性。当电机的定子绕组由对称的三相正弦电压供电时，产生定子电流和磁场。如第 2 章所述，三相定子磁场相互作用，建立起在气隙中恒速旋转的合成磁场。合成磁场切割短路的转子绕组（或连接有外部回路的转子绕组），在转子中，产生感应电压，进而产生转子电流。根据 Lenz 定律，感应出的转子电流阻碍磁场变化，产生的电机转矩，带动转子旋转，转子旋转的方向与合成磁场的旋转方向同

向，以降低转子回路中磁链的变化率。与静止时相比，在旋转时，转子绕组中的磁链变化率变小，其中的感应电压（感应电流）的幅值和频率均变小。

现考虑正弦电压供电的感应电机，定子电压（和电流）角频率为 $\omega_e = 2\pi f_e$，其中，f_e 是线电压频率。合成旋转磁场的电角速度为 $\omega_e$rad/s。假设转子的电角速度为 $\omega_r$rad/s，定义一个同步旋转坐标系，也就是令方程（4.16）和方程（4.17）中的 $d\theta/dt = \omega_e$。定子绕组是静止的，那么其中的各变量在空间中也是静止的，频率为 ω_e，这些变量变换到旋转坐标系中，旋转坐标系相对于定子的旋转速度为 ω_e。转子绕组是旋转的，其中的各变量（例如：电压、电流）在空间中也是旋转的，转速为 ω_r，频率为 $\omega_e - \omega_r$，这些变量变换到旋转坐标系中，旋转坐标系相对于转子的旋转速度为 $\omega_e - \omega_r$。

可以看出，同步旋转坐标系相对于定子和转子的电角速度，分别与定子和转子变量的电角频率相同。假设定子变量和转子变量都为正弦量（频率不同），那么变换后的 qd0 分量则是不变的常值（见例 4.1）。因此，在正弦稳态情况下，qd0 域磁链的微分为 0，注意在最后得到的稳态方程中，出现了频率为 ω_e 的阻抗。

$$
\begin{aligned}
\psi_{qs} &= \omega_e \lambda_{qs} = \omega_e (L_{ls} + L_M) i_{qs} + \omega_e L_M i_{qr} = (X_{ls} + X_M) i_{qs} + X_M i_{qr} \\
\psi_{ds} &= \omega_e \lambda_{ds} = \omega_e (L_{ls} + L_M) i_{ds} + \omega_e L_M i_{dr} = (X_{ls} + X_M) i_{ds} + X_M i_{dr} \\
\psi_{0s} &= \omega_e \lambda_{0s} = \omega_e L_{ls} i_{0s} = X_{ls} i_{0s} \\
\psi_{qr} &= \omega_e \lambda_{qr} = \omega_e (L_{lr} + L_M) i_{qr} + \omega_e L_M i_{qs} = (X_{ls} + X_M) i_{qr} + X_M i_{qs} \\
\psi_{dr} &= \omega_e \lambda_{dr} = \omega_e (L_{lr} + L_M) i_{dr} + \omega_e L_M i_{ds} = (X_{ls} + X_M) i_{dr} + X_M i_{ds} \\
\psi_{0r} &= \omega_e \lambda_{0r} = \omega_e L_{lr} i_{0r} = X_{ls} i_{0r}
\end{aligned}
\tag{4.27}
$$

则有，

$$
\begin{aligned}
v_{qs} &= r_s i_{qs} + \psi_{ds} \\
v_{ds} &= r_s i_{ds} - \psi_{qs} \\
v_{0s} &= r_s i_{0s} \\
(0=)\, v_{qr} &= r_r i_{qr} + \frac{\omega_e - \omega_r}{\omega_e} \psi_{dr} \\
(0=)\, v_{dr} &= r_r i_{dr} - \frac{\omega_e - \omega_r}{\omega_e} \psi_{qr} \\
v_{0r} &= r_r i_{0r}
\end{aligned}
\tag{4.28}
$$

用相量表示（例 4.1）稳态定子电压方程和转子电压方程有

$$
\boldsymbol{V}_{as} = \frac{1}{\sqrt{2}}(v_{qs} - jv_{ds}) = r_s \frac{1}{\sqrt{2}}(i_{qs} - ji_{ds}) + \frac{1}{\sqrt{2}}(\psi_{ds} + j\psi_{qs})
$$

$$
(0=)\, \boldsymbol{V}_{ar} = \frac{1}{\sqrt{2}}(v_{qr} - jv_{dr}) = r_r \frac{1}{\sqrt{2}}(i_{qr} - ji_{dr}) + \frac{\omega_e - \omega_r}{\omega_e} \frac{1}{\sqrt{2}}(\psi_{dr} + j\psi_{qr}) \tag{4.29}
$$

把方程（4.27）给出的磁链表达式，代入到方程（4.29）中，方程（4.29）可简化为

$$\begin{aligned} \boldsymbol{V}_{\mathrm{as}} &= (r_{\mathrm{s}} + \mathrm{j}X_{\mathrm{ls}})\boldsymbol{I}_{\mathrm{as}} + \mathrm{j}X_{\mathrm{M}}(\boldsymbol{I}_{\mathrm{as}} + \boldsymbol{I}_{\mathrm{ar}}) \\ 0 &= \left(\frac{r_{\mathrm{r}}}{s} + \mathrm{j}X_{\mathrm{lr}}\right)\boldsymbol{I}_{\mathrm{ar}} + \mathrm{j}X_{\mathrm{M}}(\boldsymbol{I}_{\mathrm{as}} + \boldsymbol{I}_{\mathrm{ar}}) \end{aligned} \tag{4.30}$$

式中，$s=(\omega_{\mathrm{e}}-\omega_{\mathrm{r}})/\omega_{\mathrm{e}}$ 为转差率；$\boldsymbol{I}_{\mathrm{as}}$、$\boldsymbol{I}_{\mathrm{ar}}$分别为定子电流相量和转子电流相量。根据方程（4.30）可以得到感应电机的稳态等效电路，如图 4.4 所示。

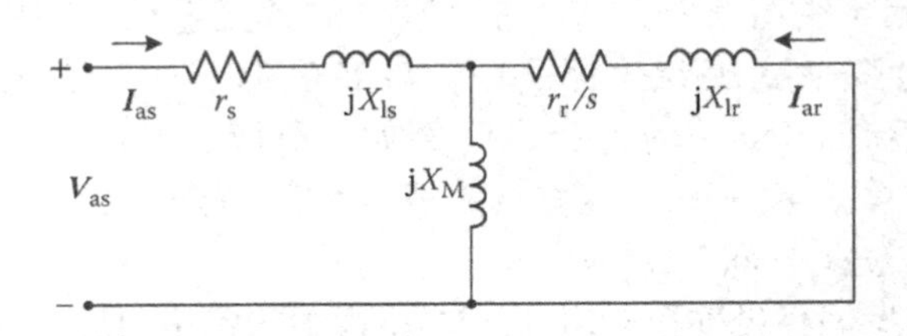

图 4.4　感应电机的稳态等效电路

例 4.2　稳态转矩

求在正弦稳态条件下，用转子电流相量和定子电流相量表示的转矩表达式。

解：

用 d 轴和 q 轴分量表示的稳态转矩表达式为

$$T_{\mathrm{e}} = \frac{3}{2}\frac{P}{2}L_{\mathrm{M}}(I_{\mathrm{qs}}I_{\mathrm{dr}} - I_{\mathrm{ds}}I_{\mathrm{qr}})$$

转子电流相量、定子电流相量与 d 轴、q 轴分量之间的关系为

$$\boldsymbol{I}_{\mathrm{as}} = \frac{1}{\sqrt{2}}(I_{\mathrm{qs}} - \mathrm{j}I_{\mathrm{ds}})$$

$$\boldsymbol{I}_{\mathrm{ar}} = \frac{1}{\sqrt{2}}(I_{\mathrm{qr}} - \mathrm{j}I_{\mathrm{dr}})$$

可得稳态转矩表达式

$$T_{\mathrm{e}} = 3\frac{P}{2}\frac{X_{\mathrm{m}}}{\omega_{\mathrm{e}}}\mathrm{Im}(\boldsymbol{I}_{\mathrm{as}}\boldsymbol{I}_{\mathrm{ar}}^{*})$$

利用图 4.4 给出的等效电路，可以很容易地求出定子电流相量和转子电流相量的表达式。

4.5　等效电路参数的确定及处理

为了利用稳态等效电路（见图 4.4）和动态模型，需要确定电机参数的值，即，电阻和电感值。目前，有标准的测试步骤，用来测量和计算感应电机等效电路中的参数值。这些测试包括定子电阻检测、空载试验和转子堵转试验。在有关的教材中，已经对相关试验进行了详细的讨论，本书不再赘述，此处假设已经确定了电机的参数。

在异步电机的相关计算和仿真过程中，经常使用标幺值（pu），因此，就需要利用基值对电机的参数进行标幺。尽管这些基值可以任意选择，但是，还是建议读者使用以下基值选择方法对数据进行处理，这种基值选择方法被广为使用。制造商通常以电机的额定功率、额定电压为基础来确定基值，在本书后续的讨论、计算和仿真中，也采用这种基值选择方法。下面通过一个例子来说明标幺过程。

例 4.3　标幺方法

异步电机的相关数据为：额定功率 500kW，额定线电压 2300V，额定频率 60Hz，四极，三相，Y 接，等效电路的参数为

$$r_s = 0.12\Omega,\ r_r = 0.32\Omega,\ X_{ls} = 1.4\Omega,\ X_{lr} = 1.3\Omega,\ X_M = 47.2\Omega$$

转动惯量（电机轴 + 负载）为 $11.5\text{kg}\cdot\text{m}^2$，求标幺后的等效电路参数。

解：

以额定功率和额定电压作为电机的基值，$P_B = 500\text{kW}$、$V_B = 2300/\sqrt{3} = 1328\text{V}$，因此有

$$I_B = \frac{P_B/3}{V_B} = 125.51\text{A},\ Z_B = \frac{V_B}{I_B} = 10.58\Omega$$

标幺后的等效电路参数为

$$r_s = 0.011\text{pu},\ r_r = 0.03\text{pu},\ X_{ls} = 0.132\text{pu},\ X_{lr} = 0.123\text{pu},\ X_m = 4.46\text{pu}$$

下面求电机转矩的基值。

同步电角速度　$\omega_e = 2\pi 60 = 377\text{rad/s}$

电机转矩的基值　$T_{eB} = \dfrac{P_B}{2/P\omega_e} = 2653\text{N}\cdot\text{m}$

例 4.4　感应电机的仿真

对例 4.3 给出的感应电机，供电电压为额定电压，供电频率为额定频率，负载转矩为零，忽略阻尼系数，电机由静止开始加速，对电机自由加速的动态响应过程进行仿真。

解：

使用电机的未标幺参数，方程（4.19）、（4.21）、（4.25）和（4.26）描述了电机的动态，可以使用附录 A 中介绍的方法，求以上方程的数字解。下面介绍利用 Euler 方法，对方程进行离散化和解方程的步骤，假设仿真的步长为 Δt，参考坐标系的电角速度为 $\omega = \omega_e = 2\pi 60 = 377\text{rad/s}$。

第一步：解电压状态方程。

$$\lambda_{qs}(t+\Delta t) = \lambda_{qs}(t) + [v_{qs}(t) - r_s i_{qs}(t) - \omega_e \lambda_{ds}(t)]\Delta t$$

$$\lambda_{ds}(t+\Delta t) = \lambda_{ds}(t) + [v_{ds}(t) - r_s i_{ds}(t) + \omega_e \lambda_{qs}(t)]\Delta t$$

$$\lambda_{qr}(t+\Delta t) = \lambda_{qr}(t) + \{0 - r_r i_{qr}(t) - [\omega_e - \omega_r(t)]\lambda_{dr}(t)\}\Delta t$$

$$\lambda_{dr}(t+\Delta t) = \lambda_{dr}(t) + \{0 - r_r i_{dr}(t) + [\omega_e - \omega_r(t)]\lambda_{qr}(t)\}\Delta t$$

第二步：更新电流值。

$$\begin{bmatrix} i_{qs}(t+\Delta t) \\ i_{ds}(t+\Delta t) \\ i_{qr}(t+\Delta t) \\ i_{dr}(t+\Delta t) \end{bmatrix} = \begin{bmatrix} L_{ls}+L_M & 0 & L_M & 0 \\ 0 & L_{ls}+L_M & 0 & L_M \\ L_M & 0 & L_{lr}+L_M & 0 \\ 0 & L_M & 0 & L_{lr}+L_M \end{bmatrix} \begin{bmatrix} \lambda_{qs}(t+\Delta t) \\ \lambda_{ds}(t+\Delta t) \\ \lambda_{qr}(t+\Delta t) \\ \lambda_{dr}(t+\Delta t) \end{bmatrix}$$

第三步：计算转矩。

$$T_e(t+\Delta t) = \frac{3}{2}\frac{P}{2}L_M[i_{qs}(t+\Delta t)i_{dr}(t+\Delta t) - i_{ds}(t+\Delta t)i_{qr}(t+\Delta t)]$$

第四步：求转子的机械角速度。

$$\omega_m(t+\Delta t) = \omega_m(t) + \frac{1}{J}[T_e(t+\Delta t) - T_L - B\omega_m(t)]\Delta t$$

第五步：求转子的电角速度（rad/s）。

$$\omega_r(t+\Delta t) = \frac{P}{2}\omega_m(t+\Delta t)$$

第六步：重复第一步。

以下各图给出了定子电流、转子转速、转矩随时间的变化曲线。

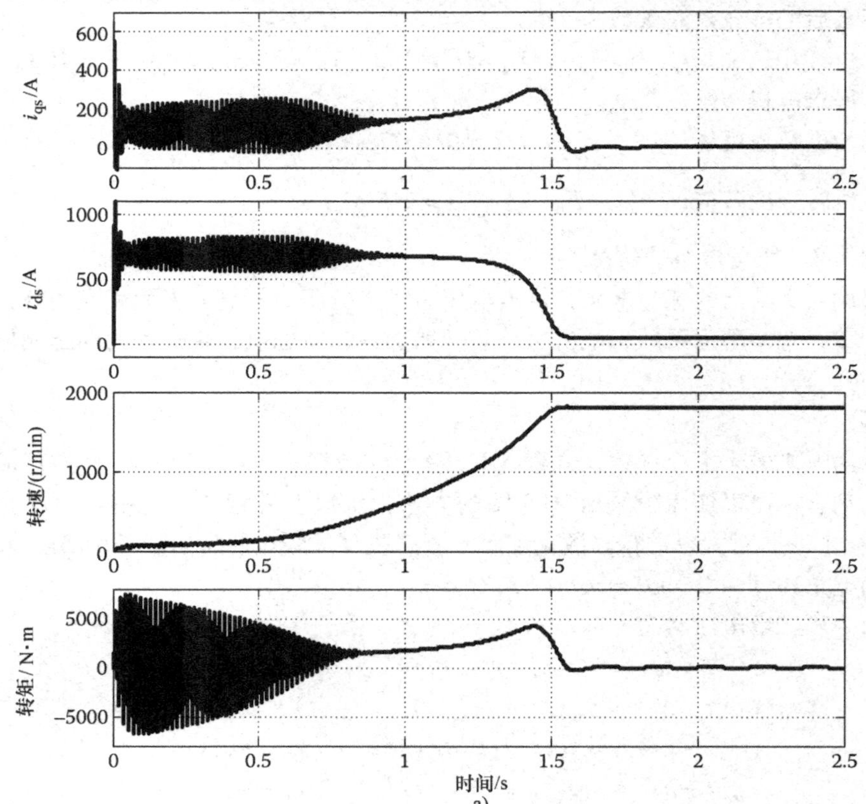

a)

由图可见，在起动过程中，电机转矩经历了大幅振荡。在初始阶段的振荡结束后，进入稳态之前，转矩还有一个振荡峰值。由转矩-速度曲线（下图）可见，该峰值发生在1600r/min处。整个曲线的形状、转矩峰值及其对应的转速，取决于电机的特性和运行工况。

转速曲线是一条光滑的曲线，由零速加速到稳态转速1800r/min。由于采用了同步旋转坐标系，定子电流的q轴、d轴分量在稳态后为一个常值。

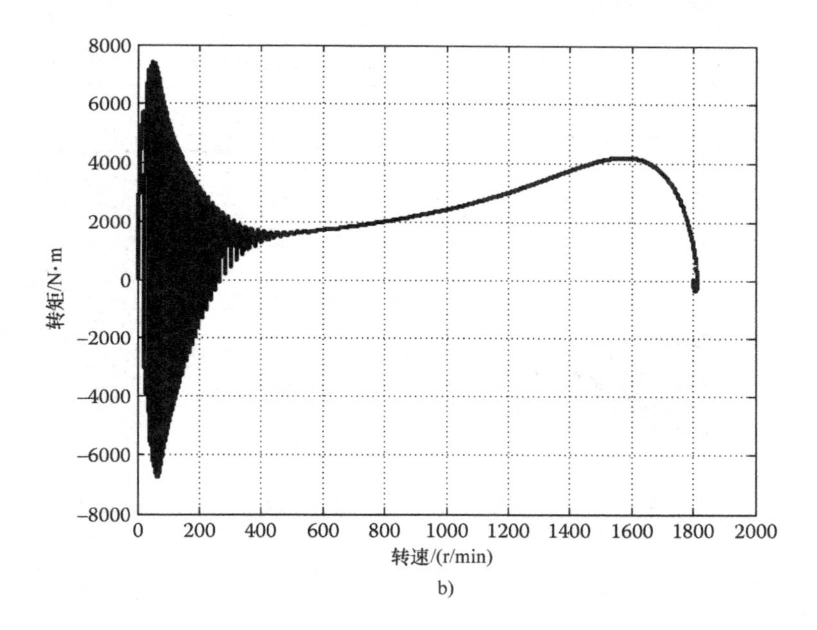

b)

例4.5　异步电机的动态响应

对例4.4给出的感应电机，当电机起动过程结束后，电机处于稳定状态，突加2500N·m负载，对电机的动态响应进行仿真。

解：

除了在2.0s（电机已处于稳态）时突加负载转矩外，仿真条件和电机参数与例4.4完全相同，仿真结果如下图所示。

由图可见，突加负载后，电机经过一个短暂的动态过程后，进入新的稳定状态，新稳态的转速为1740r/min，电机产生与负载转矩相等的电机转矩2500N·m。

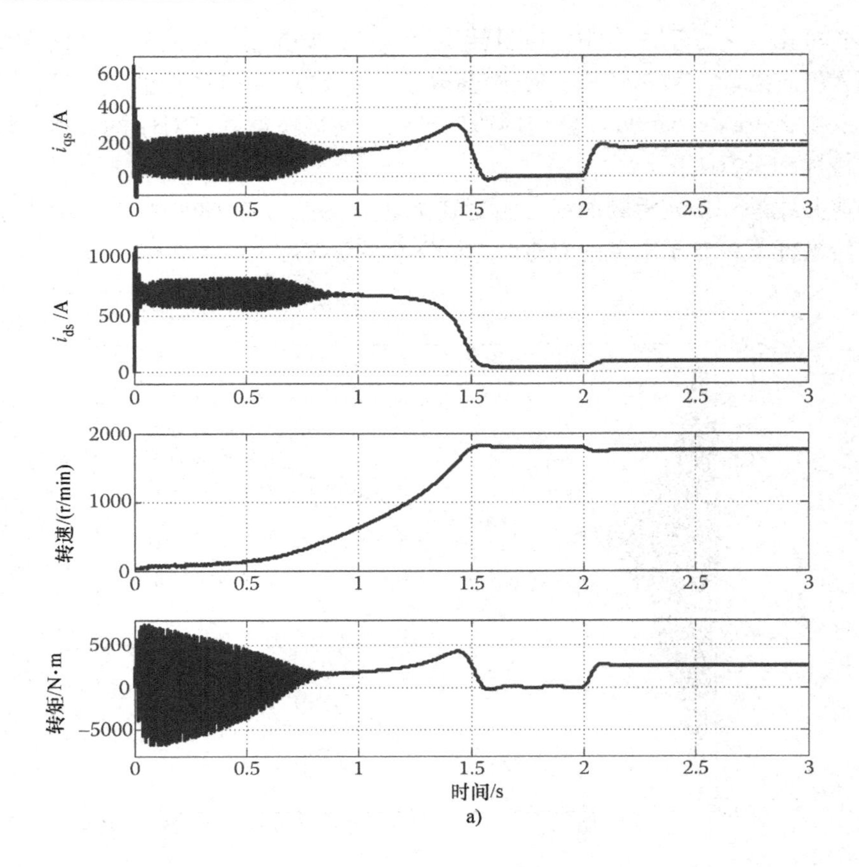
i_{qs}/A
600
400
200
0
0 0.5 1 1.5 2 2.5 3
i_{ds}/A
1000
500
0
转速/(r/min)
2000
1000
转矩/N·m
5000
−5000
时间/s
a)

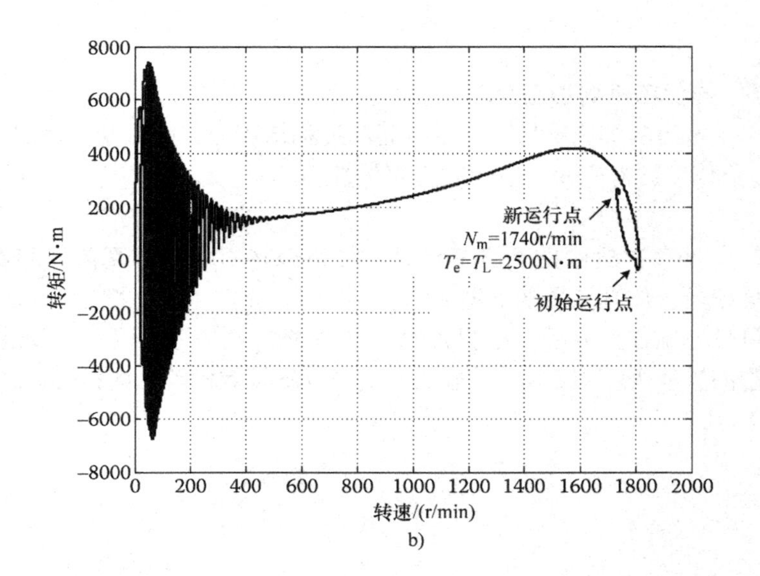
8000
6000
4000
2000
0
−2000
−4000
−6000
−8000
0 200 400 600 800 1000 1200 1400 1600 1800 2000
转矩/N·m
转速/(r/min)
新运行点
N_m=1740r/min
T_e=T_L=2500N·m
初始运行点
b)

4.6 结束语

本章的内容是本书其他相关内容的基础。参考坐标系理论是本章的重要内容，为高性能电机控制方法的提出提供了可能。

坐标变换理论的基础是 Park[1] 和 Krause[2] 等前人的工作，在相关的优秀著作中，对该问题进行了深入和统一地探讨，不仅把坐标变换理论应用到了电机的建模中，还应用到了电机的控制中。

在文献 [3] 中，针对电力系统，Kundur 给出了 Park 变换及其变形，表明参考坐标变换理论不仅能应用于电机及其传动领域，而且还能应用于大型电力系统的仿真和分析中。

文献 [4] 对交流电机和直流电机进行了严谨的数学建模。

习　　题

1. 根据方程 4.25 给出的转矩表达式，求用以下变量表示的转矩表达式。

a. 定子电流分量和转子磁链分量。

b. 转子电流分量和定子磁链分量。

c. 定子磁链分量和转子磁链分量。

2. 根据例 4.4，在以下条件下，对电机的自由加速过程进行仿真。

a. 静止坐标系，也就是参考坐标系的电角速度 $\omega=0$。

b. 转子坐标系，也就是参考坐标系的电角速度 $\omega=\omega_r$。

3. 对例 4.4 给出的感应电机及工况，通过解稳态方程，求电机的稳态值，并对仿真结果进行验证。

4. 对例 4.5 给出的感应电机及工况，通过解稳态方程，求电机的稳态值，并对仿真结果进行验证。

5. 对例 4.4 进行仿真，其负载转矩随转速的变化而变化，负载转矩与转速的关系为 $T_L=0.55N_m$，N_m 为电机转速（r/min），求

a. 电机的稳态转速值。

b. 电机的稳态电机转矩值和负载转矩值。

c. 稳态时定子电流值和转子电流值。

6. 对下图所示的两个 qd0 参考坐标系，求两个参考坐标系之间的变换矩阵。

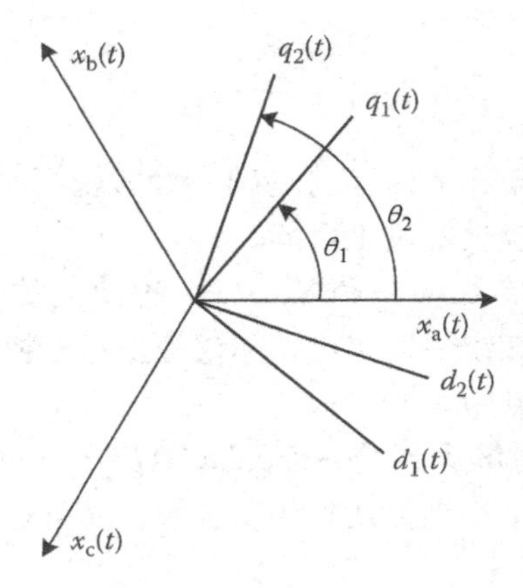

7. 对下图所示的两个 qd0 参考坐标系，求两个参考坐标系之间的变换矩阵。

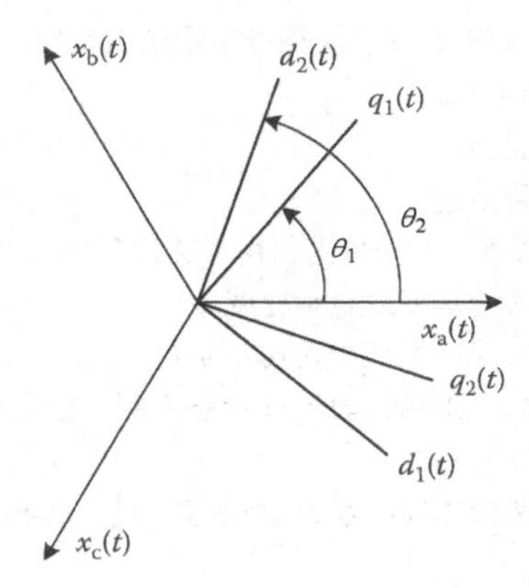

8. 在三相系统中，瞬时有功功率定义为

$$p(t)=v_a(t)i_a(t)+v_b(t)i_b(t)+v_c(t)i_c(t)$$

a. 对于三相平衡系统，求出在 qd0 坐标系上的有功功率表达式。

b. 自选一种方法，求出三相平衡系统在 qd0 坐标系上的无功功率。

9. 根据例 4.2 给出的稳态转矩表达式，求用励磁电流和转子电流表示的稳态转矩表达式。

10. 在感应电机方程的标幺过程中，找出电压基值和磁链基值之间的关系。

参考文献

1. R. H. Park, "Two-reaction theory of synchronous machines—generalized method of analysis, Part I," *AIEE Transactions*, vol. 48, pp. 716–727, July 1929.
2. P. C. Krause, O. Wasynczuk, S. D. Sudhoff, *Analysis of Electric Machinery and Drive Systems*, second edition, New York, Wiley Interscience, 2002.
3. P. Kundur, *Power System Stability and Control*, New York, McGraw-Hill, 1994.
4. J. Chiasson, *Modeling and High-Performance Control of Electric Machines*, New York, Wiley Interscience, 2005.

第5章　感应电机的稳态控制方法

5.1　引言

在本章，将介绍基于电机稳态性质的感应电机传动系统。因此，需要仔细研究感应电机的稳态模型，尤其是转矩－转速特性。

本章只关注传动系统的相关知识，故假设电机由可控的理想电源供电，不讨论实际系统中的具体电力电子电路。在掌握了基本知识后，可以更容易地理解与理想电源对应的具体电路。在第8章中，将对相关的电力电子电路进行介绍。

5.2　稳态模型分析

在第4章中，由感应电机的动态模型得到了电机的稳态模型。图5.1给出了稳态等效电路，为了计算方便，图5.1中的转子电流方向与图4.4中的转子电流方向相反。

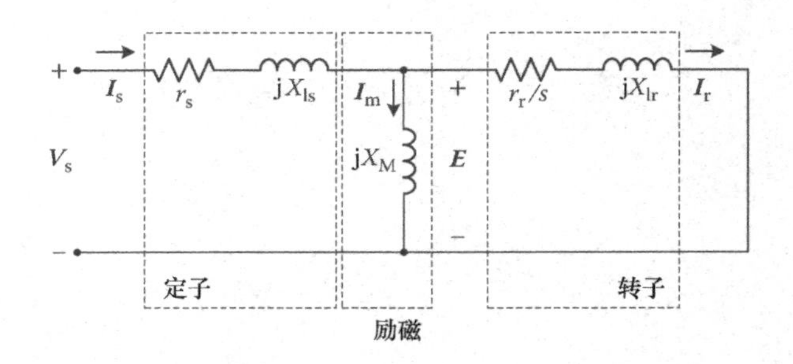

图5.1　感应电机的单相稳态等效电路

图5.1给出了三相感应电机的单相稳态等效电路，因此，利用该电路计算三相电机数据时，必须乘以相关的系数。在研究该等效电路时，必须注意电路中每个元件的物理意义。

在定子框内，有定子电阻、定子漏感两个元件。定子电阻上的电压为阻性压降，在计算定子损耗时有重要的作用。在并联励磁支路中的电流为励磁电流，其作用是建立气隙磁场，该电流的大小取决于电机电压，一般为额定电流的25%～40%。在转子框内，有电阻（r_r/s）和转子漏感两个元件，r_r/s的值与转速有关，

转子漏感与电阻 r_r/s 串联。

输入到电机中的电功率，一部分在定子绕组（r_s）上损耗掉，其余功率通过气隙传递给转子。传递给转子的电功率称为气隙功率，部分被转子电阻（r_r）消耗掉，功率传递过程满足能量转换原理，在去除掉机械损耗后，余下的气隙功率通过转子输出。在图5.1中，电阻（r_r/s）不仅对应于转子损耗，还对应于机械功率。铁心损耗通常和摩擦损耗及其他杂散损耗一起考虑，因此，铁心损耗未直接体现在等效电路中。

在以下的分析过程中，把关注的重点放在功率流方面。定子电流可以表示为

$$\boldsymbol{I}_s = \frac{\boldsymbol{V}_s}{\boldsymbol{Z}_{in}} \tag{5.1}$$

其中，

$$\boldsymbol{Z}_{in} = r_s + jX_{ls} + jX_m \parallel (r_r/s + jX_{lr}) \tag{5.2}$$

$\boldsymbol{Z}_{in}$为电路的输入阻抗。

利用电压相量和电流相量，可得输入到电机的功率为

$$P_{in} = 3|\boldsymbol{V}_s||\boldsymbol{I}_s|\cos(\angle\boldsymbol{V}_s - \angle\boldsymbol{I}_s) \tag{5.3}$$

定子电路的电阻损耗（铜损）为

$$P_{cu-s} = 3|\boldsymbol{I}_s|^2\boldsymbol{r}_s \tag{5.4}$$

因此，气隙功率为

$$P_{ag} = P_{in} - P_{cu-s} = 3|\boldsymbol{V}_s||\boldsymbol{I}_s|\cos(\angle\boldsymbol{V}_s - \angle\boldsymbol{I}_s) - 3|\boldsymbol{I}_s|^2\boldsymbol{r}_s \tag{5.5}$$

在图5.1中，气隙功率是传递给转子的功率，也就是

$$P_{ag} = 3|\boldsymbol{I}_r|^2\frac{r_r}{s} \tag{5.6}$$

根据能量转换原理，气隙功率可分为转子损耗功率和机械功率两部分，这两部分功率分别为

$$\begin{aligned} P_{cu-r} &= 3|\boldsymbol{I}_r|^2 r_r = sP_{ag} \\ P_{dev} &= P_{ag} - P_{cu-r} = 3|\boldsymbol{I}_r|^2 r_r\left(\frac{1-s}{s}\right) = (1-s)P_{ag} \end{aligned} \tag{5.7}$$

在实际的电机中，一部分机械功率作为机械损耗消耗掉，剩下的机械功率是由转子输出的可利用功率。通常来讲，特别是在大型、高效电机中，机械损耗很小。如果忽略机械损耗，转矩可表示为

$$T_e = \frac{P_{dev}}{\omega_m} = \frac{P_{dev}}{\frac{2}{P}\omega_r} = \frac{P}{2}\frac{P_{dev}}{(1-s)\omega_e} = \frac{P}{2}\frac{(1-s)P_{ag}}{(1-s)\omega_e} = \frac{P}{2}\frac{P_{ag}}{\omega_e} \tag{5.8}$$

其中，ω_m 和 ω_r 分别为转子的机械角速度和电角速度，单位都是rad/s，ω_e 为同步电角速度。

转差率 s 直接决定着气隙功率转化为机械功率的比例，因此也决定着电机的效

率。由方程（5.7）可以看出，当转差率较小（转速较高）时，效率也较高，这时电机把大部分气隙功率由转子输出（忽略机械损耗）。

当利用方程（5.8）计算电机转矩时，需要得到气隙功率的表达式，而气隙功率由转子电流决定。着眼于求解转子电流，利用 Thevenin 等效电路，可以简化求解过程，Thevenin 等效电路如图 5.2 所示。

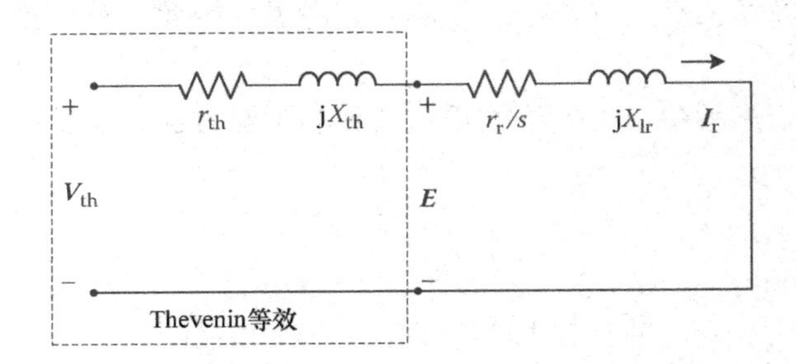

图 5.2 Thevenin 等效电路

电压$\boldsymbol{V}_{th}$的表达式

$$|\boldsymbol{V}_{th}| = \left|\boldsymbol{V}_s \frac{jX_M}{r_s + jX_{ls} + jX_M}\right| \approx k_{th}|\boldsymbol{V}_s| \tag{5.9}$$

其中，

$$k_{th} = \frac{X_M}{X_{ls} + X_M} \tag{5.10}$$

以上近似有效的条件是，假设 $X_{ls} + X_M >> r_s$，该假设在大多数条件下是有效的。

Thevenin 阻抗为

$$\boldsymbol{Z}_{th} = (r_s + jX_{ls}) \parallel jX_M = r_{th} + jX_{th} \approx k_{th}^2 r_s + jX_{ls} \tag{5.11}$$

利用 Thevenin 等效电路，转子电流为

$$I_r = |\boldsymbol{I}_r| = \left|\frac{V_{th}}{r_{th} + r_r/s + j(X_{th} + X_{lr})}\right| = \frac{V_{th}}{[(r_{th} + r_r/s)^2 + (X_{th} + X_{lr})^2]^{1/2}} \tag{5.12}$$

把方程（5.12）代入到方程（5.8），可得转矩表达式（忽略机械损耗）

$$T_e = \frac{P}{2}\frac{P_{ag}}{\omega_e} = \frac{P}{2}\frac{3I_r^2 r_r/s}{\omega_e} = \frac{3P}{2\omega_e}\frac{V_{th}^2}{(r_{th} + r_r/s)^2 + (X_{th} + X_{lr})^2}\frac{r_r}{s} \tag{5.13}$$

如果不忽略机械损耗，就需要先把机械损耗从 P_{ag}［方程（5.7）］中去除后，再来计算转矩。

由转矩－转差关系式［方程（5.13）］可以看出，当转差发生变化时，转矩会发生显著变化，这个性质也可以从第 4 章中的动态仿真结果中观察到。通过 $\omega_m = 2/P(1-s)\omega_e$，结合方程（5.13），可以得到电机的转矩－转速特性，ω_m 为电机的

机械角速度，单位为 rad/s。

例 5.1　转矩 - 转速特性

对于例 4.3 给出的感应电机，为了方便起见，相关数据和等效电路参数重写如下：

500kW，2300V，60Hz，四极，三相，Y 接

$r_s = 0.12\Omega$，$r_r = 0.32\Omega$，$X_{ls} = 1.4\Omega$、$X_{lr} = 1.3\Omega$，$X_M = 47.2\Omega$

求电机的转矩 - 速度特性。

解：

Thevenin 等效电路的参数如下：

$$k_{th} = \frac{X_M}{X_{ls} + X_M} = 0.97$$

$$V_{th} = k_{th} V_a = 0.97 \frac{2300}{\sqrt{3}} = 1289.7\text{V}$$

$$\mathbf{Z}_{th} = = r_{th} + jX_{th} \approx k_{th}^2 r_s + jX_{ls} = 0.113 + j1.4\Omega$$

电机的转矩 - 转速特性如下：

$$T_e = \frac{3P}{2\omega_e} \frac{V_{th}^2}{(r_{th} + r_r/s)^2 + (X_{th} + X_{lr})^2} \frac{r_r}{s}$$

$$= \frac{3 \times 4}{2(120\pi)} \frac{1289.7^2}{(0.113 + 0.32/s)^2 + (1.4 + 1.3)^2} \frac{0.32}{s}$$

作为转速的函数，转矩随转速的变化曲线如下图所示。

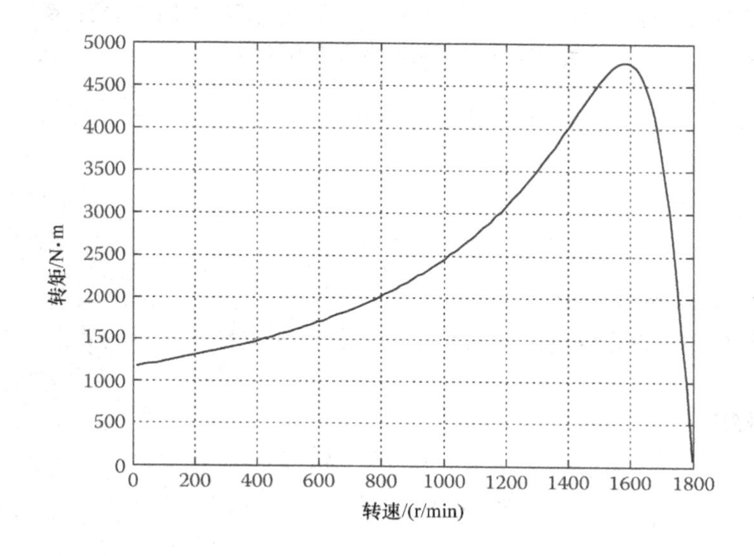

由图中可见，转矩随转差变化而发生显著的变化，在转速约为 1600r/min 时，

产生最大转矩（约4700N·m），然后随着转速的升高（接近同步转速1800r/min），转矩急剧下降，在转速为1800r/min时，转矩变为零。同步转速的计算方法为 $N_{\text{sync}}=120f_e/P$［方程（2.18)］。

根据感应电机的转矩－速度曲线，可见电机具有如下几个重要特性：

• 电机产生大小有限的起动转矩，在起动转矩的作用下，电机开始与磁场同向旋转。起动转矩产生的原因是，电机上电后，将建立旋转磁场，在旋转磁场的作用下，转子中会产生感应电压和感应电流，进而产生转矩，带动转子同向旋转。

• 电机转矩有一个峰值转矩，经过峰值转矩后，转矩急速下降。

• 在低速时，转矩随转速近似按双曲线规律变化；在高速时，转矩与转速之间具有近似的线性关系。

令转矩表达式（5.13）中的 $s=1$，则可得起动转矩。下面对其他转速点的转矩性质，进行深入的研究。

在低速时（s 的值比较大），转矩表达式（5.13）可近似为

$$T_e \approx \frac{3P}{2\omega_e}\frac{V_{th}^2}{(X_{th}+X_{lr})^2}\frac{r_r}{s} \tag{5.14}$$

在高速时（s 的值比较小），转矩表达式（5.13）可近似为

$$T_e \approx \frac{3P}{2\omega_e}V_{th}^2\frac{s}{r_r} \tag{5.15}$$

方程（5.14）对应于低速区的双曲线变化规律，方程（5.15）对应于高速区的线性变化规律，这一点可以在转矩－转速曲线中观察到。

下面求最大转矩（临界转矩）及其对应的转差率（临界转差率）的表达式，对 $T_e(s)$ 关于 s 求导，最大转矩处的导数为零，可得：

$$s_{T_m}=\frac{r_r}{[r_{th}^2+(X_{th}+X_{lr})^2]^{1/2}} \tag{5.16}$$

和

$$T_m=\frac{3P}{4\omega_e}\frac{V_{th}^2}{r_{th}+[r_{th}^2+(X_{th}+X_{lr})^2]^{1/2}} \tag{5.17}$$

例5.2 临界转矩计算

求例5.1给出的感应电机的临界转矩、临界转差率和临界转速。

解：

临界转矩为

$$\begin{aligned}T_m &=\frac{3P}{4\omega_e}\frac{V_{th}^2}{r_{th}+[r_{th}^2+(X_{th}+X_{lr})^2]^{1/2}}\\ &=\frac{3\times 4}{4\times(120\pi)}\frac{1289.7^2}{0.113+[0.113^2+(1.4+1.3)^2]^{1/2}}\\ &=4701.5\text{N}\cdot\text{m}\end{aligned}$$

临界转差率为

$$s_{T_m}=\frac{r_r}{[r_{th}^2+(X_{th}+X_{lr})^2]^{1/2}}$$

$$=\frac{0.32}{[0.113^2+(1.4+1.3)^2]^{1/2}}=0.118$$

根据临界转差率，临界转速为

$$\omega_m=\frac{2}{P}\omega_e(1-0.118)=166.26\text{rad/s 或 }1587.6\text{r/min}$$

5.3　控制方法简介

利用感应电机稳态电路和转矩－转速特性，可以得到基于稳态模型的电机控制方法。由于这类控制方法是基于电机的稳态性质提出的，故所得控制系统只能对电机的稳态性能进行控制。本章不涉及系统的动态特性，也不对系统的动态性能进行控制。

除了以上缺点（不能对动态性能进行控制）外，这类控制方法能够较好的对电机的转速和转矩进行控制，被广泛地应用到了各种工业场合，尤其是对动态性能要求不高或者给定转速（转矩）不频繁变化的应用场合。

对于仅由定子供电的感应电机，只能对定子量（定子电压和定子电流）的频率或幅值进行控制。这类电机包括：转子短路的感应电机（笼型异步电机）和转子不供电的绕线式感应电机。利用这些定子量，结合闭环反馈的控制思想，针对感应电机的转速和转矩，提出了很多控制方法。在5.4节和5.5节，将介绍如何利用定子电压和频率，对感应电机进行控制，并讨论这些方法是如何影响电机的转矩－转速特性的。

5.4　定子电压控制

感应电机的同步转速是由供电频率（和极数）决定的，因此，定子电压的大小不能改变同步转速。然而，通过方程（5.13）可知，定子电压的大小影响着转矩－转速曲线的形状。图5.3给出了在不同定子电压下，感应电机的一组转矩－转速曲线。

由图5.3可见，对于恒转矩负载，其负载特性曲线与某一转矩－转速曲线的交点，决定着电机的转子转速。定子电压不能超过额定电压 $V_s=1.0$pu，否则会出现电机过电压现象。由图5.3可见，在同一负载下，电压越低，电机的稳定转速也越低，即 $N_3<N_2<N_1$。仔细观察图5.3，还可以得到定子电压控制的如下性质。

临界转矩正比于电压幅值的二次方，定子电压减小，导致临界转矩迅速减小。

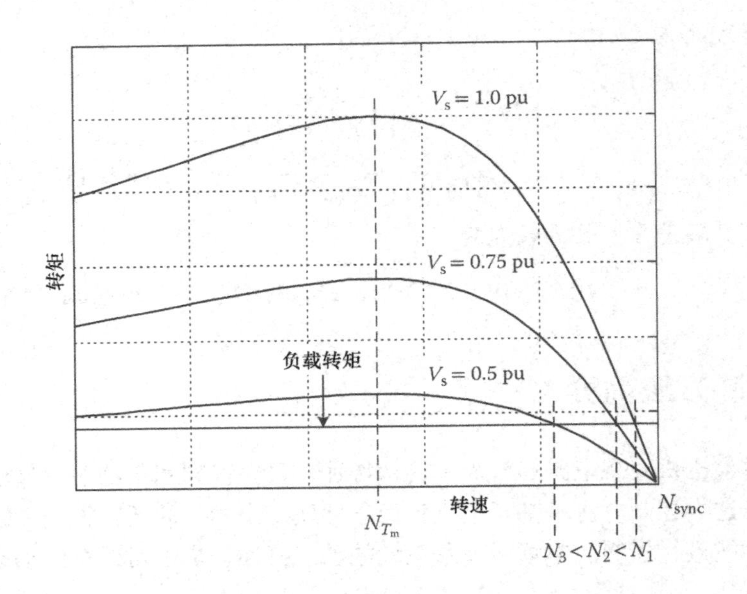

图 5.3 定子电压控制下的转矩 - 转速特性

因此，在低电压时，必须确保电机还能够产生足够的转矩，以带动负载。尽管临界转矩随着定子电压幅值的变化而变化，但是临界转速却不受电压幅值大小的影响，这一点也可以由方程（5.16）验证。这个性质说明，在低电压下，电机产生转矩的能力下降，系统加速缓慢，加速性能降低。

由于定子电压的幅值不影响电机的同步转速，如果通过降低电压的方法，来降低电机的转速，必然会增加转差率。例如在图 5.3 中转速由 N_1 降到 N_3。如 5.2 节所述，电机的效率是由转差率决定的，转速越低，转差率越大，效率越低。因此，在低速时，采用定子电压控制，会增加电机的损耗，降低电机的效率。特别是对于功率较大的电机，这一点必须注意。

5.5 定子频率控制

难以得到定子频率与电机特性的直接关系，定子频率的变化不仅会影响电机的同步转速，而且还会影响定子电流、转矩、电路阻抗和其他变量。

图 5.4 给出了一组感应电机在不同频率下的转矩 - 转速曲线（电压幅值不变）。从图 5.4 中可以看出，当供电频率高于额定频率时，电机的同步转速也高于额定同步转速。定子频率控制方法（电压幅值固定）主要应用于供电频率高于额定频率的场合，其原因将在 5.6 节中介绍。

如图 5.4 所示，各条转矩 - 速度曲线在临界转矩以上的部分，保持急速下降的趋势（几乎为线性），此时电机具有较高的效率。在定子频率控制中，临界转矩会

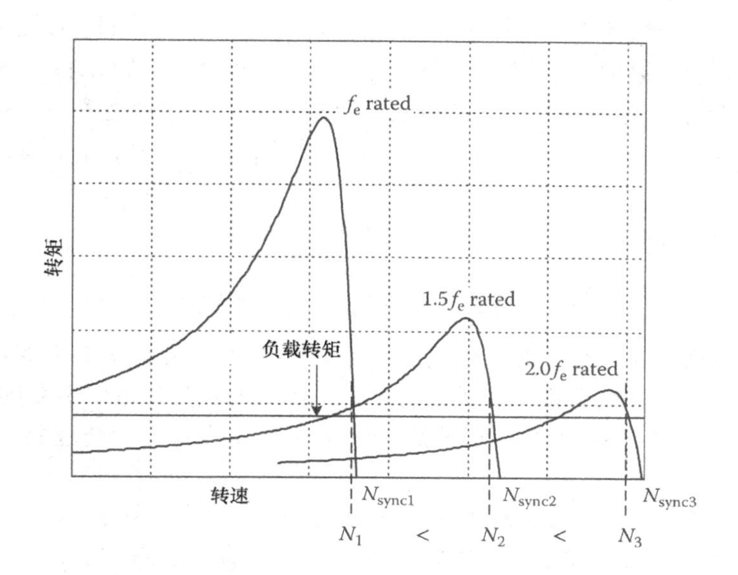

图 5.4　定子频率控制的转矩 - 转速特性

随着供电频率的变化而变化，由临界转矩表达式（5.17）可知，当频率高于额定频率时，临界转矩可近似为如下的表达式：

$$T_m \approx \frac{3P}{4(2\pi f_e)} \frac{V_{th}^2}{2\pi f_e(L_{lr}+L_{th})} \propto \frac{1}{f_e^2} \tag{5.18}$$

临界转矩和供电频率（同步转速）的二次方成反比，该特性也可以从图 5.4 给出的曲线中看出。临界转矩的下降趋势和直流电机的弱磁区相似，差别在于直流机的转矩和转速成反比。

下面说明一下，为什么在额定频率以下调速时，不能使用定子频率控制方法（电压幅值不变）。根据等效电路图 5.1，其中励磁电流 I_M 对应于铁心的磁通。如果铁心处于线性区，则可以用感抗 X_M 来表示，但在实际中，当励磁电流 I_M 较大时，铁心进入饱和区。当定子的供电频率小于额定频率，如果电压维持额定电压不变，励磁支路的感抗降低，将导致 I_M 大于额定励磁电流，使磁路饱和，其原因在于：额定励磁电流对应于额定磁通，额定磁通位于励磁曲线的饱和点附近，励磁电流大于额定励磁电流，磁路就会进入饱和区。磁路饱和不仅会引起非线性现象，而且还会增加电机的损耗，故不期望电机运行在磁路饱和状态下。综上所述，当供电频率低于额定频率时，不能只降低供电频率，需要在降低供电频率的同时降低供电电压。

5.6　恒 V/f 控制

频率控制的突出优点在于，在整个控制过程中都能够保持较高的效率。然而，它只能应用在额定频率以上。如 5.5 节所述，为了避免磁路饱和，以及导致的定子电流过大，当供电频率小于额定频率时，就需要协调控制电压和频率。根据等效电路可知，当 E/f_e 保持不变时，励磁磁通也保持不变，可以避免磁路饱和。在实际中，电压 E 是不可控和不可测的，因此，常用恒 V_s/f_e 代替恒 E/f_e，该替代成立的条件是 $V_s \approx E$。

在恒 V_s/f_e 控制下，临界转矩可以表示为

$$T_m \approx \frac{3P}{4(2\pi f_e)} \frac{V_{th}^2}{2\pi f_e (L_{lr} + L_{th})} \propto \left(\frac{V_{th}}{f_e}\right)^2 \tag{5.19}$$

因此，保持 V_{th}/f_e（近似于 V_s/f_e）恒定，临界转矩就基本上不随频率变化而变化，也就意味着，在任意频率（转速）下，电机能够产生近似不变的临界转矩，保证电机以最快的速度起动，而不受制于电机本身的转矩－转速特性（自然转矩－转速特性）。

图 5.5 给出了一组恒 V/f 控制的转矩－转速特性。可见在低速时，电机能够产生的转矩比自然转矩－转速特性的转矩大得多，这是该控制方法的一大优点。但是，在低速（低频）时，该控制方法的临界转矩会显著下降。

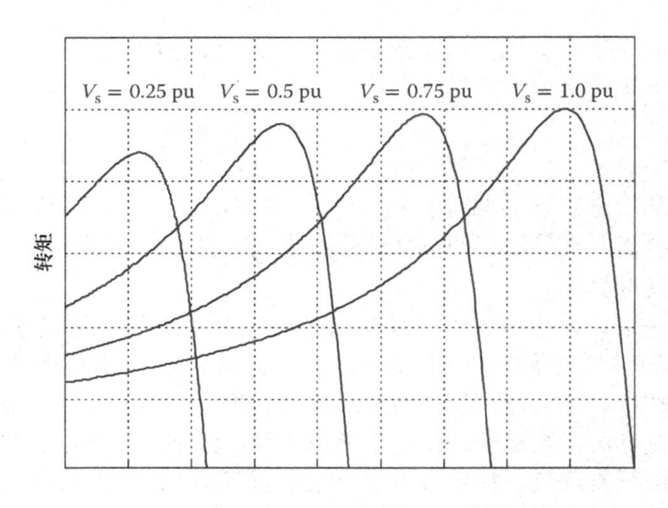

图 5.5　恒 V/f 控制的转矩－转速特性

近似条件 $V_a \approx E$ 不再成立，是临界转矩下降的原因。在近似过程中，忽略了定子电阻和定子漏感上的电压降。在电压足够高时（频率、转速足够高），定子电阻和定子漏感上的电压降充分小，可以认为 $V_a \approx E$。但是随着频率（转速）的降低，该近似越来越不精确，E 在总电压中所占比例越来越小，磁通与额定磁通相比也越来越小，而磁通的大小影响着电机产生转矩的能力，最终导致电机的临界转矩随着转速的降低而减小。

为了解决这个问题，通常采用以下两种方法：

1. 在低频范围内，对 V_s/f_e 进行提升，以增加励磁电流，即增加磁通。

2. 采用电流控制策略（见 5.7 节），直接调节电机的励磁电流。

带有低频电压提升的恒 V/f 控制的开环速度控制系统如图 5.6 所示。在该系统中，利用速度给定，产生频率给定和电压（幅值）给定。为了避免电机过电压，电压给定不能大于额定电压。由于系统的开环属性，且带载时的电机转速小于同步转速，使得电机的转速得不到精确的控制。但是，这种系统具有成本低的优点，可以被应用于性能不高的场合。

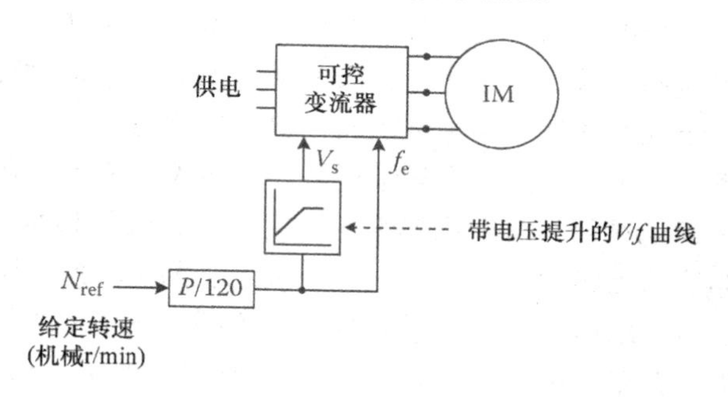

图 5.6　开环恒 V/f 控制系统

在基本的开环 V/f 控制系统（见图 5.6）的基础上，增加反馈控制，能够显著提高系统的性能。在实际中，为了提高系统的性能，也会增加一些其他的控制环节。例如，当速度给定突然发生快速变化时，会使电机运行于转矩 - 速度曲线的左侧，即电机转速低于临界转速，此时电机的转差率很大、定子电流很大、效率很低。为了避免这种情况，可以引入一个转差限幅环节，如图 5.7 所示。

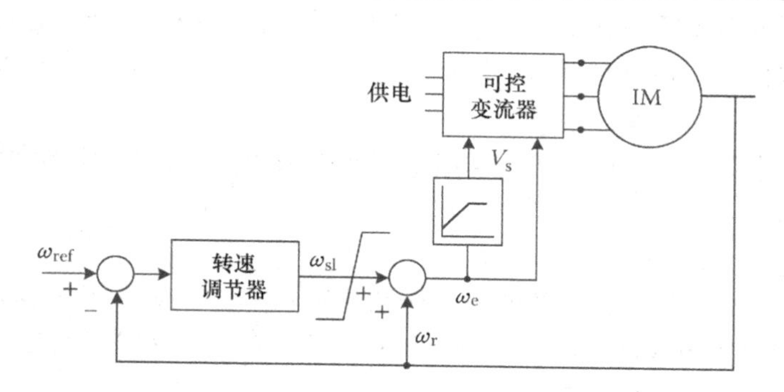

图 5.7　带有转差限幅环节的闭环恒 V/f 控制系统

在图 5.7 中，转速给定 ω_{ref}（电角速度 rad/s）和转速反馈 ω_r（电角速度 rad/s）进行比较后，得到误差信号，误差信号作为转速调节器的输入。转速调节器的输出为转差频率 ω_{sl}（电角速度 rad/s），对转差频率进行了限幅（最大转差频率预先设定）。把转差频率和电机转速相加，产生给定频率 ω_e，根据给定频率 ω_e，利用 V/f 控制方法，产生电压给定，电压给定和频率给定作为受控变流器的输入。

使用闭环控制方法，可以确保对速度的精确控制。下面讨论一下为什么系统中的转差限幅环节可以改善系统的响应特性。

考虑电机的起动过程。开始时，给定转速和实际转速的差非常大，速度控制器输出饱和，转差频率达到预设的最大值。在起动过程中，只要误差足够大，控制器就处于饱和状态。在饱和状态，给定频率 ω_e 比转子转速 ω_r 大一个固定的值，即转差频率限幅值。通过合理地设置转差频率限幅值，可以确保转速大于临界转速。在整个起动过程中，电机产生的转矩接近于临界转矩。当实际转速接近给定转速时，控制器退出饱和状态，转子转速接近于同步转速，两者之差由电机的负载决定。

再仔细研究一下，感应电机在恒转差频率下的性质，这有利于理解在起动过程中限制转差频率的优点。电机的转差频率恒定，由方程（5.13）可得，转矩表达式为

$$
\begin{aligned}
T_e &= \frac{3P}{2}\frac{r_r}{s\omega_e}I_r^2 = \frac{3P}{2}\frac{r_r}{\omega_{sl}}\left|\frac{E}{r_r/s + jX_{lr}}\right|^2 \\
&= \frac{3P}{2}\frac{r_r}{\omega_{sl}}E^2\Big/\left[r_r^2\left(\frac{\omega_e}{\omega_{sl}}\right)^2 + (\omega_e L_{lr})^2\right] \\
&= \frac{3P}{2}\frac{r_r}{\omega_{sl}}\left(\frac{E}{\omega_e}\right)^2\frac{1}{\left[\left(\frac{r_r}{\omega_{sl}}\right)^2 + L_{lr}^2\right]}
\end{aligned}
\tag{5.20}
$$

由于 E/ω_e 正比于磁通，如果转差频率不变，电机转矩正比于磁通的平方。在带有转差限幅的恒 V/f 控制中，$V_s/f_e \approx (E/f_e)$ 是基本不变的，导致在控制器饱和时，转差频率恒定，输出转矩基本恒定。

例 5.3　恒 V/f 控制

针对例 5.1 给出的感应电机，构造带有转差限幅的 V/f 转速闭环控制系统，并对之进行仿真。

解：

根据例 5.1 给出的数据，在额定电压和额定频率下，临界转差率为 0.118，对应的转差角速度为 $0.118 \times 2\pi \times 60 = 44.48\text{rad/s}$，把该值作为转差频率的限幅值（见图 5.7）。

在起动时，电压提升 10%，以补偿定子压降。以下各图给出了转矩和转速的变化曲线，给定转速初始设为 1000r/min，然后变为 1500r/min 和 1200r/min，负载转矩随转速呈二次方变化。

需要注意的是，在电机的加速和减速过程中，电机转矩很大，使得转速能够很快地跟随给定转速的变化。速度调节器是引起转矩振荡的原因之一，对调节器的参数进行最优整定（第 9 章），能显著地改善转矩振荡现象。

电机转矩和转速之间的关系如下图所示，此处的电机转矩要远远大于电机转矩—转速特性中的电机转矩（例 5.1）。

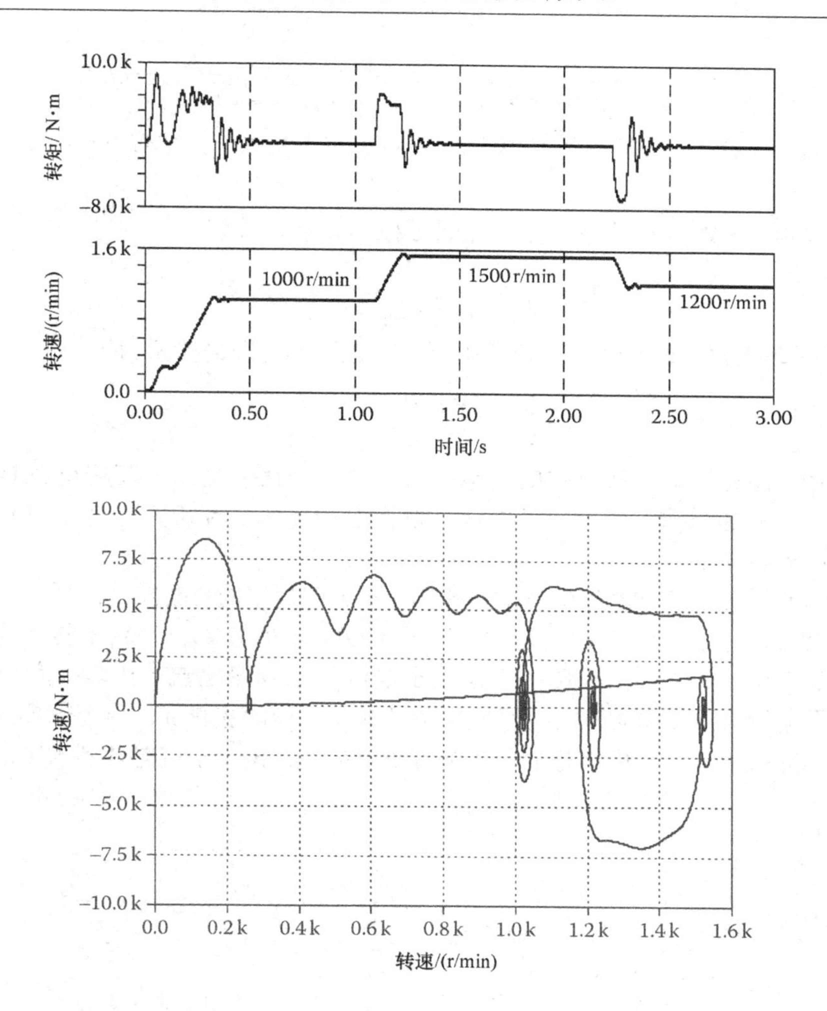

5.7 定子电流控制

恒 V/f 控制的目的是，在电机运行过程中，保持 E/f_e 为常数，维持磁通为期望值（额定磁通），确保磁路不饱和，同时保证电机在加、减速过程中产生转矩的能力。由于不能直接控制内部电压 $\boldsymbol{E}$，需用 $\boldsymbol{V}_s$ 来代替 $\boldsymbol{E}$，但是，由于 $\boldsymbol{V}_s$ 与 $\boldsymbol{E}$ 之间存在误差，导致恒 V/f 控制方法只能“近似”于理想状态。

一种直接控制磁通的方法是，通过调节定子电流而不是定子电压，实现对励磁电流的控制，把磁通控制在期望值。在这种方法中，因为直接对定子电流进行控制，所以能够避免电机过电流。

下面对这种定子电流控制方法进行分析。利用图 5.1 给出的等效电路，可得以定子电流为自变量的转子电流表达式

$$I_r = \left|\frac{jX_M}{r_r/s + j(X_{lr}+X_M)}\right| I_s = \frac{L_M}{\sqrt{(r_r/\omega_{sl})^2 + (L_{lr}+L_M)^2}} I_s \tag{5.21}$$

式中，$\omega_{sl} = s\omega_e$。ω_{sl}为转差角频率；ω_e 为定子供电角频率，单位都是 rad/s。

(5.22)

把方程（5.21）代入到转矩表达式方程（5.13），得到

$$T_e = \frac{3P}{2}\frac{L_M^2}{r_r^2 + \omega_{sl}^2(L_{lr}+L_M)^2} r_r \omega_{sl} I_s^2 \tag{5.23}$$

进一步可得励磁电流 I_m 和定子电流、转差频率之间的关系为

$$I_s = \left[\frac{r_r^2 + \omega_{sl}^2(L_{lr}+L_M)^2}{r_r^2 + \omega_{sl}^2 L_{lr}^2}\right]^{1/2} I_m \tag{5.24}$$

利用气隙磁链，可得对应的励磁电流。再根据该表达式，利用电机转速（转差频率）和励磁电流，可得定子电流。根据定子电流，利用方程（5.23）可计算出对应的电机转矩。

图 5.8 给出了定子电流随电机（例 5.1）转差频率的变化曲线。励磁电流为额定值（28.1A）。当转差频率为零时，定子电流为最小值 28.1，转子转速为同步转速，图 5.1 中的转子回路开路，于是定子电流等于励磁电流。当转差频率不为零时，定子电流大于励磁电流，为励磁电流和转子电流的相量和。转差频率越大，转子回路的阻抗越小，其中流过的转子电流也就越大，定子电流随着转差频率增加而增大。

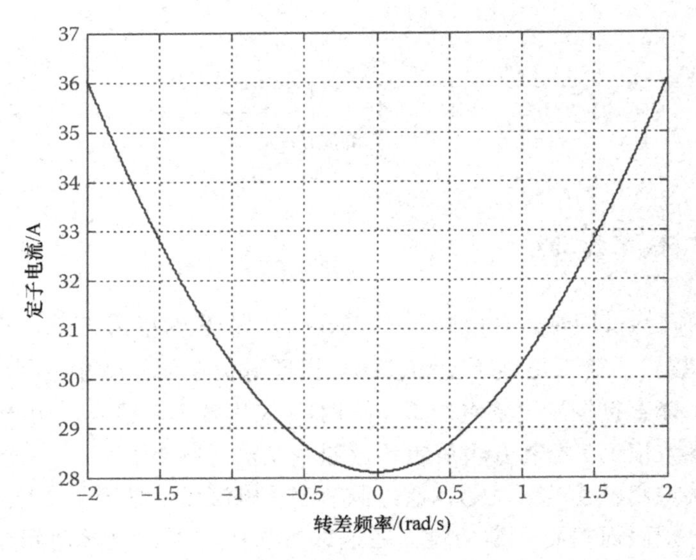

图 5.8 定子电流随转差频率变化的函数关系（I_m 为额定值）

在进行闭环控制前，需确定在气隙磁通不变时，临界转矩和临界转差频率的大小。通过方程（5.23）和（5.24），可以得到以励磁电流为自变量的电机转矩的表

达式。

$$T_{\mathrm{e}}=\frac{3P}{2}\frac{L_{\mathrm{M}}^{2}}{r_{\mathrm{r}}^{2}+\omega_{\mathrm{sl}}^{2}L_{\mathrm{lr}}^{2}}r_{\mathrm{r}}\omega_{\mathrm{sl}}I_{\mathrm{m}}^{2} \tag{5.25}$$

对于恒定的 I_{m}，利用以下方法，可以求得临界转差频率：

$$\frac{\partial T_{\mathrm{e}}}{\partial\omega_{\mathrm{sl}}}=0\Rightarrow\omega_{\mathrm{sl}}=\pm\frac{r_{\mathrm{r}}}{L_{\mathrm{lr}}} \tag{5.26}$$

临界转矩为

$$T_{\mathrm{m}}=\pm\frac{3P}{2}\frac{L_{\mathrm{M}}^{2}}{2L_{\mathrm{lr}}}I_{\mathrm{m}}^{2} \tag{5.27}$$

其中的正号和负号分别对应于电动状态和发电状态。这种控制方法的一个重要特点是，临界转差频率和供电频率无关［方程（5.26）］。利用这个性质，可知在这种控制方法中，改变定子频率进行调速时，临界转矩不随频率的变化而变化。

例 5.4　恒气隙磁通时的转矩和定子电流

对于例 5.1 给出的电机，控制定子电流，使气隙磁通保持不变，求电机的转矩—转速特性和定子电流 - 转速特性。

解：

电机的额定电压为 2300V，励磁阻抗为 47.2Ω，可得额定励磁电流为

$$I_{\mathrm{m}}=\frac{2300}{\sqrt{3}\times47.2}=28.1\mathrm{A}$$

转差频率在 0 ~ 377rad/s 内变化，对应于转速由零速到同步转速，利用方程（5.25）和方程（5.24）可计算出转矩值和定子电流值。以下两图分别给出了转矩和定子电流随转速的变化关系。

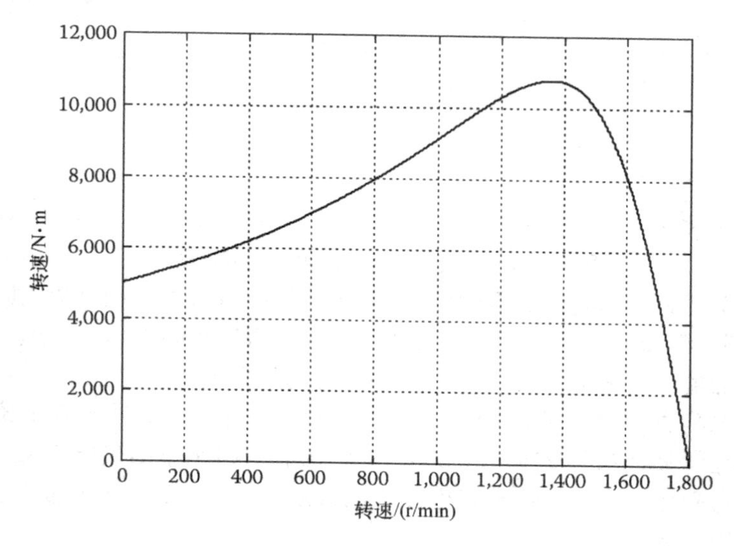

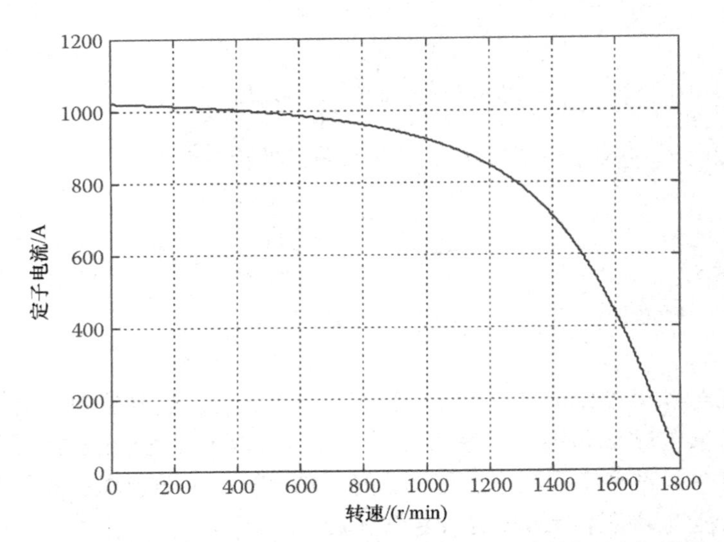

与例 5.1 给出的转矩—速度特性相比，此处的电机转矩要大得多，最大转矩为 11000N·m，而在恒压供电方式下，最大转矩仅为 4760N·m，定子最大电流比额定电流 125A（例 4.3）大得多。在起动过程中，虽然电机能在短时间内承受几倍的额定电流，但是电机需要良好的散热条件，否则会损坏绕组。在加速阶段，虽然电机产生了很大的转矩，但是存在着短时大电流。

基于以上讨论的定子电流控制方法，构建的速度闭环控制系统如图 5.9 所示。

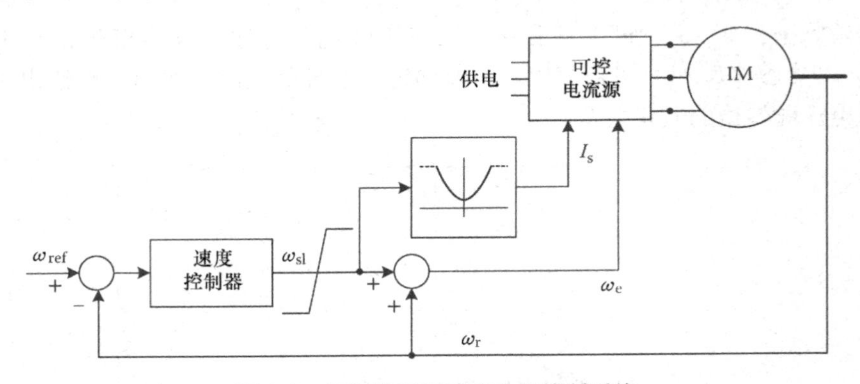

图 5.9　恒气隙磁通感应电机控制系统

由图 5.9 可见，速度控制器的输出为转差频率，最大转差频率限制为临界转差频率，见方程（5.26），转差频率和转子转速相加得定子频率 ω_e。转差频率也作为非线性模块的输入，根据方程（5.24）和给定的励磁电流，产生给定定子电流 I_s，给定的励磁电流通常为额定励磁电流。定子频率 ω_e 和给定定子电流 I_s 作为可控电流源（电力电子变流器）的输入，以产生给定幅值和频率的供电电流。对给定定子电流要进行限幅（图 5.9 中非线性模块的虚线部分），以免产生过大的给定定子电流，保护定子绕组。

本章给出的电机控制方法都是基于感应电机稳态性质提出的。尽管这些系统具有相对较好的性能，但是都存在着一些缺点，限制了其在高性能、高动态场合的应用。

首先，由于这些控制方法都是基于稳态模型提出的，因而，都没有深入地研究和控制电机的动态性能。对于动态性能的控制，需要使用基于电机动态模型的控制方法。

其次，通过定子电流控制使气隙磁通不变，会导致定子电流过大；另一方面，如果对定子电流进行限制，则会对励磁电流和电机转矩产生负面影响。理想的解决方案是，在保持励磁电流（磁通）不变的情况下，找到能够产生所需转矩的转子电流值，而不是利用过大的定子电流来维持励磁电流不变。基于动态模型的控制方法，能够满足以上要求，在第 6 章中将对之进行深入讨论。

5.8　结束语

基于感应电机稳态性质的控制方法，是很多教科书的主要内容，在其中对之进行了深浅不一的讨论。这类控制方法的原理相对简单，一般放在矢量控制和直接转矩控制之前进行介绍。

在文献［1］和［2］中，介绍了电机电压和电机频率的控制方法。在文献［2］中，Sen 介绍的稳态控制方法中包括了定子电流控制方法。在文献［3］中，对基于稳态等效电路的感应电机控制方法进行了深入的介绍，深入而富有逻辑性地推导了各种控制方法的原理，介绍了实现时所用的具体电路。

习　　题

1. 利用第 4 章中介绍的基值确定方法，求感应电机标幺化的稳态等效电路，给出临界转矩的表达式。

2. 对于例 5.1 给出的感应电机，设供电电压为额定电压，供电频率为额定频率，转差率为 2%，求：

a. 定子电流、输入功率和功率因数；

b. 气隙功率；

c. 输出转矩（忽略机械损耗和磁路损耗）；

d. 在转差率为 3% 时，求电机转矩和输出功率，并用等效电路对结果进行验证。

3. 对于例 5.1 给出的感应电机，求起动电流和起动转矩以及起动电流和额定电流的比值。

4. 针对采用定子频率控制的异步电机，回答以下问题：

a. 求临界转矩对应的电机转速表达式；

b. 当 Thevenin 电阻很小时，对所得表达式进行近似；

c. 结合例 5.1 给出的参数，在额定频率、1.5 倍额定频率、2.0 倍额定频率处，对近似后的表达式进行验证；

d. 对恒频控制的效率问题进行分析，能得到什么结论？

5. 对于例 5.1 给出的感应电机，采用带转差限幅的恒 V/f 闭环控制方法（见图 5.7）进行控制，针对以下转差限幅方法，分别绘制出转矩 - 速度曲线。

a. 临界转差频率作为限幅值；

b. 50% 临界转差频率作为限幅值。

6. 求以定子频率为自变量的转差频率的函数表达式。在恒 V/f 控制中，能否在感应电机的起动过程中，使电机转矩都为临界转矩？

7. 对于例 5.1 给出的感应电机，采用带有转差限幅的恒 V/f 控制方法进行控制，限幅值为额定电压和额定频率下的临界转差频率，给定机械转速为 1800r/min，在机械转速为 1200r/min 时，转速调节器的输出处于饱和状态。

a. 求在该时刻，系统的同步机械转速；

b. 求在该时刻，电机的供电电压和供电频率（Hz）；

c. 求在问题 b 的供电电压和供电频率下，电机的临界转矩；

d. 把问题 c 中的临界转矩，与额定电压和额定频率下的临界转矩进行比较，电机是否以临界转矩加速？对之进行讨论。

8. 感应电机采用恒定子电流控制方法，求临界转差率的表达式。

9. 对于例 5.1 给出的感应电动机，在以下条件下，求转矩与转差频率的关系表达式？

a. 额定电压和额定频率；

b. 恒气隙磁通（额定值）；

c. 恒定子电流（额定值）；

对于以上运行模式，能得到什么推论？

10. 对于例 5.1 给出的感应电机，采用恒定子电流控制，画出一组转矩 - 转速曲线。

参考文献

1. A. E. Fitzgerald, C. Kingsley, S. D. Umans, *Electric Machinery*, sixth edition, New York, McGraw-Hill, 2003.
2. P. C. Sen, *Principles of Electric Machine and Power Electronics*, second edition, New York, John Wiley and Sons, 1997.
3. J. M. D. Murphy, F. G. Turnbull, *Power Electronic Control of AC Motors*, New York, Pergamon, 1988.

第 6 章　感应电机的高性能控制方法

6.1　引言

在第 5 章介绍了几种感应电机的速度控制方法，这些控制方法都是基于电机的稳态特性提出的，也就是说，这些控制方法是通过分析电机的稳态等效电路得到的。

由于稳态等效电路是这些控制方法中的理论基础，因此，这些方法仅在稳态时具有较好的性能。然而，在给定转速发生变化时，或在负载转矩发生变化时，如果系统没有发生不稳定现象，系统会在到达一个新的稳态前经历一个动态过程。在动态过程中，基于稳态的控制方法，对动态过程只能进行有限的控制，很难精确地控制系统的动态过程，不能获得令人满意动态性能，而且，基于稳态的控制方法也不能直接控制电机的动态转矩。

基于动态模型的控制方法克服了以上缺点，是一类完全不同的控制方法，应用了第 4 章介绍的动态模型，因而，系统具有更好的动态和稳态性能，包含磁场定向（矢量）控制和直接转矩控制（DTC），本章将对之进行介绍。这些高性能控制方法的共同目标是对电机转矩进行精确控制，一旦实现了对电机转矩的精确控制，就可以很容易地通过速度环或位置环实现速度控制和位置控制。

类似于第 5 章，假设读者已经熟悉了在实现过程中所需的可控电压源和可控电流源，在本章，只集中对系统的控制原理进行讨论。在第 8 章，将对系统中的电力电子电路进行介绍。

下面由磁场定向（矢量）控制入手，展开本章的讨论。

6.2　磁场定向（矢量）控制

感应电机磁场定向控制的目标是模仿他励直流电机的特性。如第 3 章所述，在他励直流电机的控制中，磁场和转矩是分别通过励磁绕组和电枢绕组独立控制的。当励磁电流恒定，电机转矩由电枢电流唯一确定。励磁绕组和电枢绕组产生的两个磁场互相垂直，为转矩控制提供了非常有利的条件。

在感应电机中，产生磁场的电流和产生转矩的电流都来自于定子电流。在磁场定向控制中，可以利用参考坐标系中的两个电流分量，实现对磁场和转矩的独立控制。

从定子电流和转子磁场相互作用的角度，可以很好地理解磁场定向控制的原理。因此，回顾一下第4章中的相关内容，转矩可以表示为定子电流和转子电流d、q轴分量的函数。利用方程（4.19），转子电流分量可以用转子磁链分量和定子电流分量表示为

$$
\begin{aligned}
i_{qr} &= \frac{\lambda_{qr} - L_M i_{qs}}{L_{lr} + L_M} \\
i_{dr} &= \frac{\lambda_{dr} - L_M i_{ds}}{L_{lr} + L_M}
\end{aligned}
\tag{6.1}
$$

把上式代入到方程（4.25）中，可获得如下形式的转矩表达式：

$$
T_e = \frac{3}{2}\frac{P}{2}\frac{L_M}{L_{lr} + L_M}(i_{qs}\lambda_{dr} - i_{ds}\lambda_{qr}) \tag{6.2}
$$

在任意参考坐标系中，如图6.1所示，图6.1中给出了定子电流矢量、转子磁链矢量和两个矢量的d、q轴分量。

为了模拟他励直流电机的特性，必须按特殊方法进行定向，利用定向后的两个电流分量，分别控制转矩和磁链。如果让参考坐标系和转子磁链 $\boldsymbol{\lambda}_r$ 同步旋转，且d轴与转子磁链同向，则可以达到以上目的，如图6.2所示。

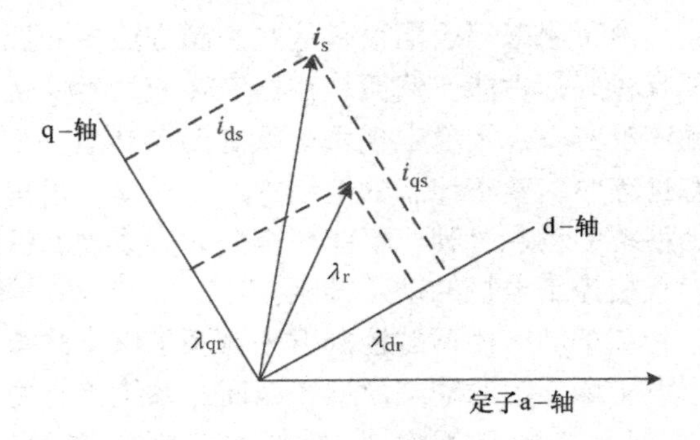

图6.1　在任意参考坐标系中的定子电流矢量和转子磁链矢量

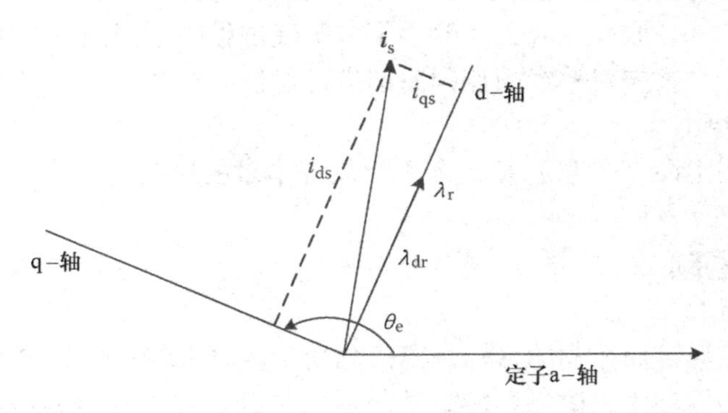

图6.2　定子电流矢量、转子磁链矢量与被选参考坐标系

在参考坐标系（见图6.2）中，q轴和定子a轴之间的相对位置用 θ_e 表示（$d\theta_e/dt = \omega_e$），转子磁链与d轴的方向一致，定子电流的d轴分量与转子磁链同向，q轴分量与转子磁链垂直。参考坐标系按以上方法定向后，使得转子磁链的q轴分量为0，即 $\lambda_{qr} = 0$。结合方程（6.2），可得转矩表达式为

$$T_e=\frac{3}{2}\frac{P}{2}\frac{L_M}{L_{lr}+L_M}i_{qs}\lambda_{dr} \tag{6.3}$$

可以看出，转矩为定子电流q轴分量和转子磁链d轴分量的乘积，这两个分量具有正交关系。进一步，由于$\lambda_{qr}=0$，可得转子电压d轴分量的表达式为［第4章，方程（4.21）］

$$v_{dr}=0=r_r i_{dr}-(\omega-\omega_r)\lambda_{qr}+\frac{d}{dt}\lambda_{dr}=r_r i_{dr}+\frac{d}{dt}\lambda_{dr} \tag{6.4}$$

利用方程（4.19），可得i_{dr}的微分方程为

$$r_r i_{dr}+(L_{lr}+L_M)\frac{d}{dt}i_{dr}=-L_M\frac{d}{dt}i_{ds} \tag{6.5}$$

如果i_{ds}为常量，微分方程的右侧变为零，也就是随着时间的增加，i_{dr}会趋近于零。当$i_{dr}=0$，磁链的d轴分量可以表示为

$$\lambda_{dr}=(L_{lr}+L_M)i_{dr}+L_M i_{ds}=L_M i_{ds} \tag{6.6}$$

由上式（6.6）可见，可利用i_{ds}单独控制转子磁链，这是一个非常重要的性质，使得可以通过控制定子电流的d轴分量来独立控制λ_{dr}。i_{ds}和λ_{dr}同轴，λ_{dr}对应转子磁链的大小，如图6.2所示。

利用方程（6.6）和（6.3），可得转矩表达式为

$$T_e=\frac{3}{2}\frac{P}{2}\frac{L_M^2}{L_{lr}+L_M}i_{ds}\lambda_{qs} \tag{6.7}$$

方程（6.7）和方程（6.6）为磁场定向控制奠定了基础，在磁场定向控制中，转子磁链和转矩分别由两个互相垂直的定子电流分量独立控制。

到此为止，已知通过控制i_{ds}可以实现对转子磁链的控制。然而，磁场定向控制的基本前提条件是，参考坐标系的d轴方向与转子磁链方向始终保持一致，因此，必须保证这个条件成立。

如果坐标系的d轴方向和转子磁链方向一致，则$\lambda_{qr}=0$，根据转子q轴的电压方程［方程（4.21）］，可得

$$v_{qr}=0=r_r i_{qr}-(\omega_e-\omega_r)\lambda_{dr}+\frac{d}{dt}\lambda_{qr}=r_r i_{qr}+(\omega_e-\omega_r)\lambda_{dr} \tag{6.8}$$

其中，ω_e为参考坐标系的电角速度（rad/s）。如图6.2所示，坐标系的d轴位置用θ_e表示。由方程（6.8）可知，ω_e的表达式为

$$\omega_e=\omega_r-r_r\frac{i_{qr}}{\lambda_{dr}} \tag{6.9}$$

ω_e也可以用定子电流的q、d轴分量表示。由于

$$\begin{aligned}&\lambda_{qr}=0=(L_{lr}+L_M)i_{qr}+L_M i_{qs}\Rightarrow i_{qr}=-\frac{L_M}{L_{lr}+L_M}i_{qs}\\&\lambda_{dr}=L_M i_{ds}\end{aligned} \tag{6.10}$$

因此，ω_e的表达式可改写为

$$\omega_e = \omega_r + \frac{r_r}{L_{lr} + L_M} \frac{i_{qs}}{i_{ds}} \tag{6.11}$$

在该表达式中，i_{ds}和i_{qs}为给定值，可以通过转子磁链的给定值和电机转矩的给定值计算出来。对角速度ω_e求积分，可以得到参考坐标系的位置角θ_e。

按这种方法来确定转子磁场方向（参考坐标系d轴方向）的矢量（磁场定向）控制系统，就是间接矢量控制系统。图6.3给出了间接矢量控制系统的框图。

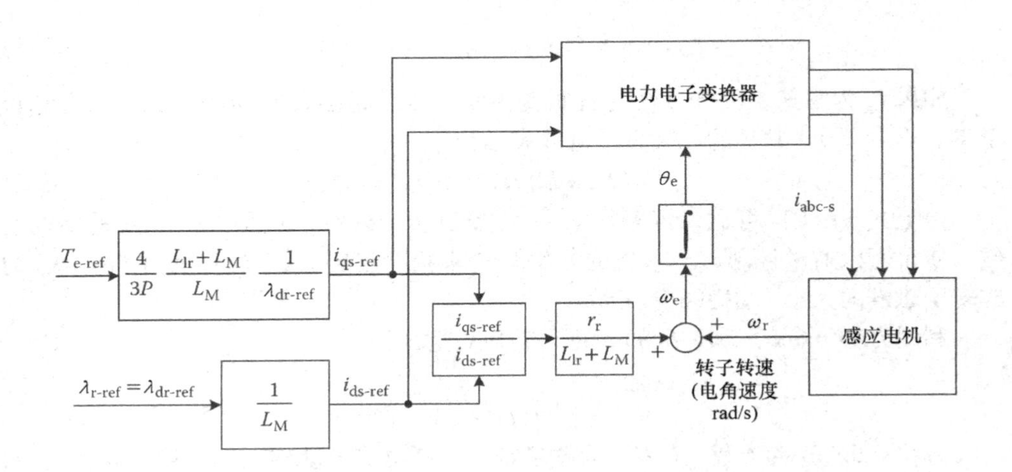

图6.3　间接矢量控制系统框图

间接矢量控制是一种通过调节定子电流来控制感应电机转矩的技术。在速度闭环控制系统中，速度控制器根据给定转速和实际转速之差，输出转矩控制命令。需要注意的是，相对于在第5章中介绍的速度控制方法，矢量控制（磁场定向控制）本质上是一种转矩控制方法。

例6.1　间接矢量控制中的计算

感应电机的参数如下：

25hp，460V，60Hz，四极，三相，Y接，$r_s=0.58\Omega$，$r_r=0.30\Omega$，$X_{ls}=1.2\Omega$，$X_{lr}=1.8\Omega$，$X_M=25.7\Omega$

使用间接矢量控制技术对电机进行控制，电机转速为1720r/min，输出功率为80%的额定功率。磁链给定为额定值（幅值），求定子电流的有效值和定子频率。

解：

额定频率$\omega_b=120\pi$，电机的各个电感值为

$$L_{ls}=3.18\text{mH},\ L_{lr}=4.78\text{mH},\ L_M=68\text{mH}$$

电机转矩为

$$T_e = \frac{P_{out}}{\omega_m} = \frac{0.8 \times 25 \times 746}{1720 \times \frac{2\pi}{60}} = 82.83\text{N} \cdot \text{m}$$

利用额定相电压和额定频率下的励磁感抗，可得（额定）转子磁链的峰值为

$$\lambda_{rated}\text{（peak）} = L_M I_m = L_M \frac{V_{phase}\text{（peak）}}{X_m} = \frac{V_{phase}\text{（peak）}}{\omega_b}$$

$$= \frac{460\frac{\sqrt{2}}{\sqrt{3}}}{120\pi} = 0.996\text{Wb}$$

由转矩和转子磁链，可得定子电流的 d 轴和 q 轴分量

$$i_{ds} = \frac{\lambda_{rated}}{L_M} = 14.6\text{A}$$

$$i_{qs} = T_e\left(\frac{4}{3P}\frac{L_{lr} + L_M}{L_M}\frac{1}{\lambda_{rated}}\right) = 29.65\text{A}$$

定子电流的有效值为

$$I_s = \frac{\sqrt{i_{ds}^2 + i_{qs}^2}}{\sqrt{2}} = 23.38\text{A}$$

转子转速和定子电流的电角频率为

$$\omega_r = 1720 \times \frac{2\pi}{60} \times \frac{P}{2} = 360.24\text{rad/s}$$

$$\omega_e = \omega_r + \frac{r_r}{L_{lr} + L_{Mr}}\frac{i_{qs}}{i_{ds}} = 368.6\text{rad/s}$$

定子电流的频率为 368.6/(2π) = 58.66Hz。

例 6.2 间接矢量控制的仿真和动态响应

对于例 5.1 给出的感应电机，利用转速闭环的间接矢量控制系统进行控制。下图给出了电机的动态响应曲线，在仿真过程中，于 1s 处，转速给定由 1000r/min 阶越变化到 1500r/min，再于 2s 处，阶跃变化到 1200r/min。

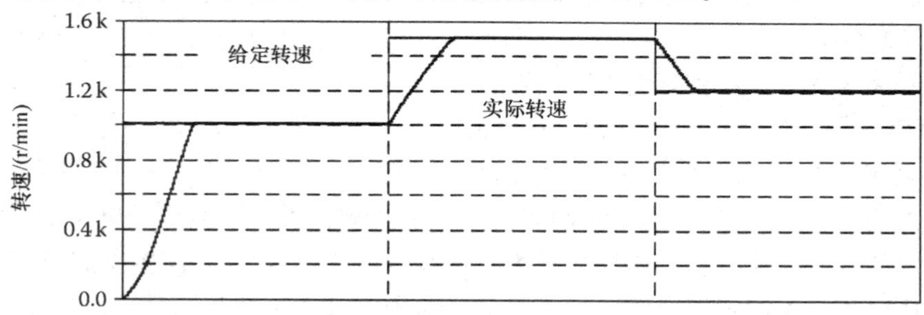

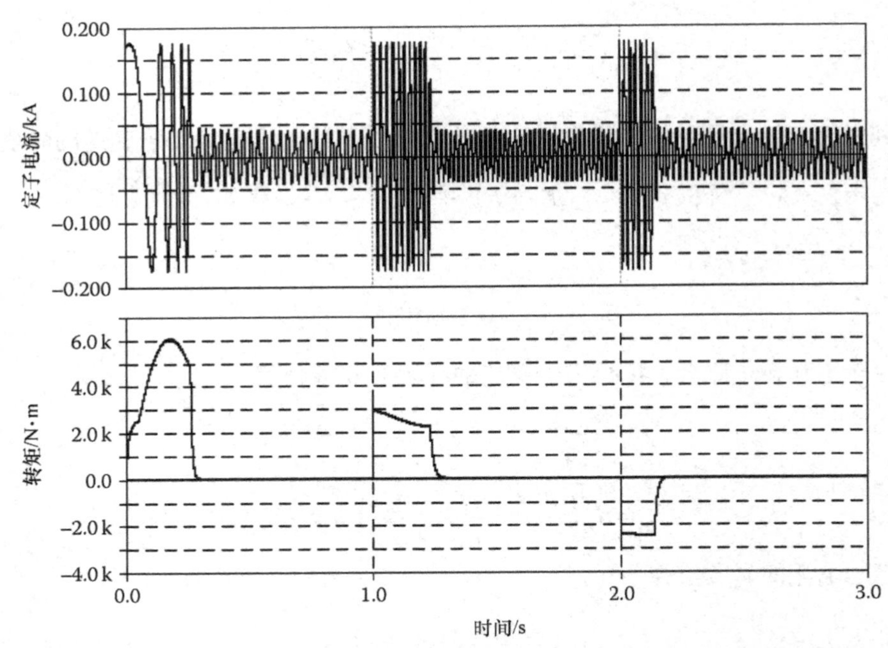

由图中可见，实际转速能够紧紧地跟随给定转速，更重要的是，电机转矩几乎瞬时地响应给定转速的变化，对电机的转速进行调节。

6.2.1 其他实现方法

在框图 6.3 中，利用电力电子变流器驱动感应电机，变流器接收控制系统发出的 i_{ds}和 i_{qs}的给定值和参考坐标系的角位置 θ_e，产生所需的三相定子电流，此处的电力电子变流器在本质上是一个电流源。

另一种实现方法是，直接调节电机的定子电压，使定子电流的 q、d 轴分量分别等于给定值，同样可以实现对转矩和磁链的控制。图 6.4 给出的反馈控制结构即可实现该功能。

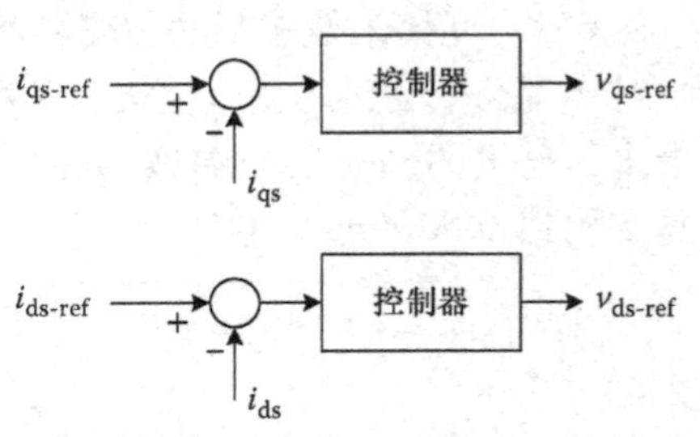

图 6.4 通过调节电压实现的电流控制

在图 6.4 中，通过测量定子电流，（经过变换）可以得到定子电流 q、d 轴分量的反馈值，和对应的给定值进行比较，得到误差信号。控制器（比如 PI 调节器）根据误差信号，产生定子电压 q、d 轴分量的给定值。变流器以两个电压分量给定值和角度 θ_e 为输入，产生所需定子电压。定子电压变化，引起定子电流、转子电流、转子磁链发生变化，系统经过短暂的动态过程后，定子电流 q、d 轴分量达到各自的给定值。定子电流的两个控制回路是耦合的，也就是说，给定值 i_{qs-ref}变化不仅会引起 i_{qs}变化，也会对 i_{ds}造成扰动，可以利用复杂的电压解耦控制方法，消除耦合关系。在本章的习题中，将对这个问题进行讨论。

6.2.2 其他类型的磁场定向控制

在间接矢量控制系统中，需要测量转子转速（ω_r，rad/s），还需要使用 r_r、L_{lr}、L_M 等电机参数，以确定参考坐标系的角度和角速度。间接矢量控制方法具有性能优良、易于实现的优点，但是需要精确地估计电机参数。在实际运行过程中，电机参数受到温度和频率的影响，例如当温度变化时，转子电阻会发生显著的变化。参数误差会降低间接矢量控制系统的性能，因此，间接矢量控制系统对参数变化的敏感性是一个需要关注的问题。

另一种确定坐标系位置的方法是，直接测量转子磁链 d、q 轴在静止坐标系中的位置，这种定向方法被称为直接磁场定向控制。在实现过程中，这种方法需要改变电机的结构，以安装测量气隙磁链的传感器，还需要通过数学的方法，把磁链的测量值变换到参考坐标系中，比较繁琐。

6.3 直接转矩控制

6.3.1 直接转矩控制的原理

在磁场定向控制系统中（见 6.2 节），电机转矩和磁链是利用定子电流进行控制的，即使是在图 6.4 给出的实现方法中，也是通过控制定子电压产生期望的定子电流值。而在直接转矩控制（DTC）系统中，没有定子电流控制环节，而是根据电机转矩和定子磁链直接确定电机的定子电压。

DTC 有多种实现形式，传统的 DTC 是在转矩滞环控制和磁链滞环控制的基础上实现的，变流器的开关频率不确定。本书介绍的 DTC 利用电压合成技术（例如第 8 章介绍的 PWM 技术），其开关频率是恒定的。

在开关频率恒定的情况下，开关损失、谐波次数和谐波大小都是固定的，因此，恒定的开关频率是有利的。另外，如果读者理解了恒开关频率 DTC，也能很容易地理解滞环 DTC，故本书选择恒开关频率 DTC 进行详细的讨论。

在第 4 章的方程（4.25）中，给出了电机转矩的表达式。由方程（4.19）可知，转子电流 q、d 轴分量可以用定子电流分量和定子磁链分量来表示。经过变量替换后，可以得到如下的转矩表达式：

$$T_e = \frac{3}{2}\frac{P}{2}(i_{qs}\lambda_{ds} - i_{ds}\lambda_{qs}) \tag{6.12}$$

上式（6.12）中的 q、d 轴分量属于任意参考坐标系。

让旋转坐标系的 d 轴和定子磁链的方向一致，那么定子磁链的 q 轴分量为零，

即 $\lambda_{qs}=0$，转矩表达式变为

$$T_e=\frac{3}{2}\frac{P}{2}i_{qs}\lambda_{ds} \tag{6.13}$$

在该参考坐标系中，按定子磁链方向定向，根据定子电压方程（4.21），可得

$$\begin{aligned} v_{qs}&=r_s i_{qs}+\omega\lambda_{ds} \\ v_{ds}&=r_s i_{ds}+\frac{d}{dt}\lambda_{ds} \end{aligned} \tag{6.14}$$

由于定子电阻上的压降通常很小，根据方程（6.13），用电机转矩替代 i_{qs}，方程（6.14）可进一步简化为

$$\begin{aligned} v_{qs}&=r_s\frac{4T_e}{3P\lambda_{ds}}+\omega\lambda_{ds} \\ v_{ds}&\approx\frac{d}{dt}\lambda_{ds} \end{aligned} \tag{6.15}$$

上述方程是恒开关频率 DTC 的理论基础，图 6.5 给出了恒开关频率 DTC 的控制框图。

由方程（6.15）可知，变量 v_{ds} 直接决定着在参考坐标系中的定子磁链矢量 λ_{ds}。当定子磁链 λ_{ds} 确定后，则可以通过 v_{qs} 来控制电机转矩。控制系统把定子磁链给定值和电机转矩给定值与对应的反馈值比较后，由两个控制器产生 v_{qs} 和 v_{ds} 的给定值。为了减少电机转矩和定子磁链之间的耦合效应，把 q 轴控制器的输出与 $\omega\lambda_{ds}$ 相加后，作为 v_{qs} 的给定值，如图 6.5 所示，这种处理不是必需的，在实际系统中可以省略。根据两个电压给定值，变流器输出所需的定子电压。

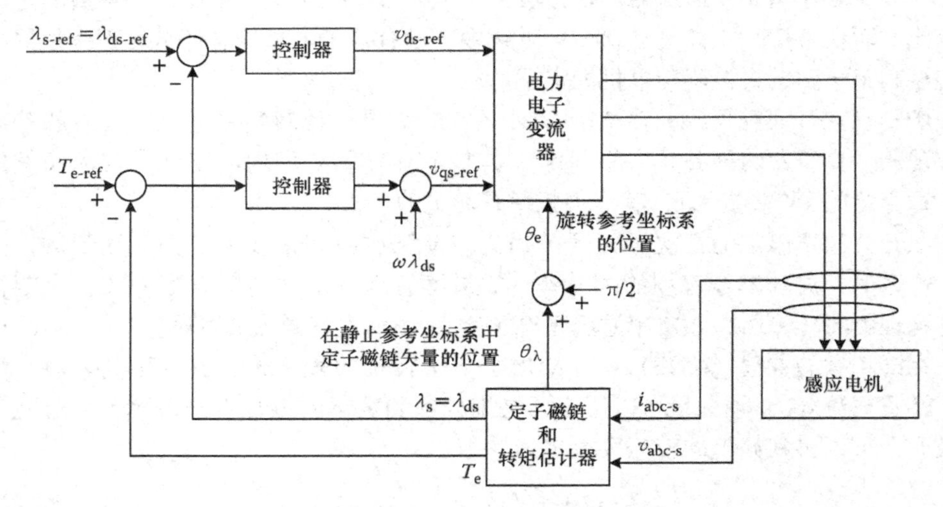

图 6.5　恒开关频率 DTC 的控制框图

在实现 DTC 系统的过程中，需要知道定子磁链矢量的位置，以使参考坐标系 d 轴的方向与之一致，而且为了实现转矩闭环控制，必须使用转矩估计器对转矩进行

估计。将在6.3.2节中对图6.5中的定子磁链和转矩估计器进行讨论。

6.3.2 定子磁链和转矩估计器

可用静止参考坐标系上的定子电压和电流的测量值，实现对定子磁链幅值和瞬时位置的估计。一旦实现了定子磁链的准确估计，就能很容易的对电机转矩进行估计。

考虑在静止坐标系上的定子电压方程（4.21），不失一般性，可以假设参考坐标系的q轴与定子的a轴方向一致，即方程（4.11）中的$\theta=0$，可得以下电压方程：

$$
\begin{aligned}
v_{qs}^{s} &= r_{s}i_{qs}^{s} + \frac{d\boldsymbol{\lambda}_{qs}^{s}}{dt} \\
v_{ds}^{s} &= r_{s}i_{ds}^{s} + \frac{d\boldsymbol{\lambda}_{ds}^{s}}{dt}
\end{aligned}
\tag{6.16}
$$

上标“s”表示静止参考坐标系。定子磁链的q、d轴分量分别为

$$
\begin{aligned}
\boldsymbol{\lambda}_{qs}^{s} &= \int(v_{qs}^{s} - r_{s}i_{qs}^{s})\,dt \\
\boldsymbol{\lambda}_{ds}^{s} &= \int(v_{ds}^{s} - r_{s}i_{ds}^{s})\,dt
\end{aligned}
\tag{6.17}
$$

在实际中，由于纯积分器的一些内在性质，不能直接使用纯积分器来计算磁链。例如，在定子电压和定子电流的测量值中，很难避免直流偏差，直流偏差会引起积分器输出的漂移，甚至使积分器饱和。而在测量中的任何突然变化，都会引入直流分量，从而影响积分器的估计准确度。

为了克服积分器存在的问题，提出了很多替代积分器的估计方法。例如，可以使用低通滤波器1/（$s+\omega_{c}$）作为估计器，在高频时，低通滤波器具有和积分器非常一致的性质，但是在低频时，两者却存在着很大的差别。因此，使用低通滤波器作为估计器的DTC，在低频时的性能不佳。改进的积分磁链估计器可以克服低通滤波器和纯积分器的缺点。在本章的习题中，将对其中的一些估计方法进行研究。

通过选择合适的估计器，可以对静止坐标系中的定子磁链的q、d轴分量进行准确的估计。利用两个分量，可以按照如下的方法计算出定子磁链的幅值和角度。

$$
\begin{aligned}
|\boldsymbol{\lambda}_{s}| &= \sqrt{\boldsymbol{\lambda}_{qs}^{s\,2} + \boldsymbol{\lambda}_{ds}^{s\,2}} \\
\theta_{\lambda} &= \text{angle}\ (\boldsymbol{\lambda}_{qs}^{s},\ \boldsymbol{\lambda}_{ds}^{s})
\end{aligned}
\tag{6.18}
$$

式中，θ_{λ}为定子磁链矢量和a轴的夹角，如图6.6所示。

利用θ_{λ}，可以定义一个旋转参考坐标系，使其d轴和定子磁链的方向一致。注意q轴超前于d轴$\pi/2$，因此，在图6.5中，θ_{λ}加$\pi/2$后得θ_{e}，用θ_{e}来产生相电压。

根据定子电流测量值和定子磁链估计值，电机转矩的估计方法为

$$
T_{e} = \frac{3}{2}\frac{P}{2}(i_{qs}^{s}\boldsymbol{\lambda}_{ds}^{s} - i_{ds}^{s}\boldsymbol{\lambda}_{qs}^{s}) \tag{6.19}
$$

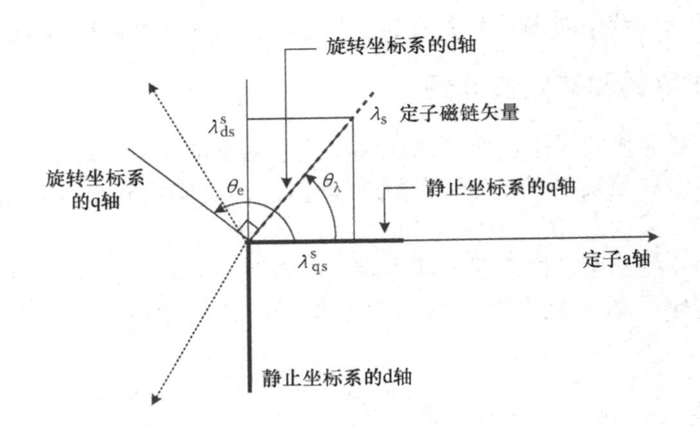

图 6.6　在静止和旋转参考坐标系中的定子磁链矢量

例 6.3　由三相坐标系到静止参考坐标系的变换

利用 DTC 方法，对感应电机进行控制，在某一时刻，定子的线电流 $i_a=-293.89\text{A}$、$i_b=497.26\text{A}$、$i_c=-203.37\text{A}$，求在静止参考坐标系中的电流矢量。

解：

第 4 章给出了由 abc 坐标系到 qd0 坐标系的变换矩阵（4.11），静止参考坐标系的 q 轴方向与 a 轴方向一致，则方程（4.11）中的 $\theta=0$，因此

$$\begin{bmatrix} i_q \\ i_d \\ i_0 \end{bmatrix}\boldsymbol{T}=\frac{2}{3}\begin{bmatrix} \cos(0) & \cos\left(-\frac{2}{3}\pi\right) & \cos\left(\frac{2}{3}\pi\right) \\ \sin(0) & \sin\left(-\frac{2}{3}\pi\right) & \sin\left(\frac{2}{3}\pi\right) \\ 1/2 & 1/2 & 1/2 \end{bmatrix}\begin{bmatrix} -293.89 \\ 497.26 \\ -203.37 \end{bmatrix}=\begin{bmatrix} -293.89 \\ -404.51 \\ 0 \end{bmatrix}$$

例 6.4　定子磁链矢量

在 DTC 系统中，磁链估计单元计算出如下的 q、d 轴定子磁链分量，参考坐标系为静止参考坐标系，其 q 轴与 a 轴方向一致：

$$\boldsymbol{\lambda}_{ds}^{s}=3.64\text{Wb}\quad \boldsymbol{\lambda}_{qs}^{s}=-3.0\text{Wb}$$

确定旋转参考坐标系的位置，其 d 轴与定子磁链矢量同向。

解：

下图给出了定子磁链矢量的位置，其和 a 轴的夹角为 230.5°，所求旋转参考坐标系的 d 轴与定子磁链矢量同向，因此，q 轴与 a 轴的夹角为 320.5°或 −39.5°。

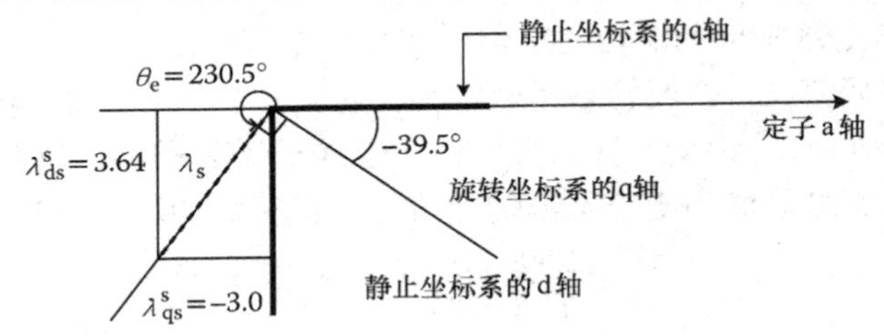

6.4 结束语

感应电机的高性能控制，是一个广泛而深入的研究领域。电机转矩的高准确度、快速控制方法不止本章所述的这些。大量的教材和技术文献对之进行了讨论；在参考文献部分，仅列出了其中的一些方法。在文献［1］中，深入地讨论了直接矢量控制和间接矢量控制，进行了敏感性分析。文献［2］对直接转矩控制进行了深入的讨论。基于矢量的概念，文献［3］和文献［4］介绍了高性能磁场定向控制和直接转矩控制。文献［5］讨论了传统的 DTC 控制，文献［6］给出了磁链估计算法。

习　题

1. 解释间接磁场定向控制中的前提条件，即为何利用方程（6.11）计算出的角速度，作为参考坐标系的角速度，同时保持 i_{ds}不变，就能使 $\boldsymbol{\lambda}_{qr}$、$i_{dr}$等于零。

2. 对感应电机间接矢量控制系统进行仿真。为参考坐标系设置不同的初始角度，观察初始角度对系统性能影响的衰减过程。

3. 对例 6.1 给出的感应电机，写出定子磁链、转子磁链和定子电压的 qd0 分量之间的关系。

4. 对例 5.1 给出的感应电机，使用间接矢量控制方法进行控制，转子转速为 1500r/min，电机转矩为 1600N · m，电机磁链（峰值）为额定磁链。

a. 求定子电流 q、d 轴分量，定子频率和定子电压 q、d 轴分量；

b. 供电电压的两个分量（v_{ds}、v_{qs}）保持不变，频率也保持不变，在该转速下，假设转子电阻变为 $r_r=0.45\Omega$：

i. 求定子电流和转子电流的 q、d 轴分量；

ii. 求转子磁链幅值和电机转矩；

iii. 讨论间接矢量控制对参数变化的敏感性。

5. 为了降低定子电流 q、d 轴分量的耦合程度，需要对图 6.4 中的给定电压进行修正，以消除两个控制回路的相互作用。把定子电压方程（4.21）改写成定子电流分量的形式，假设所有矢量控制的条件都满足，找出其中的耦合项，并给出一种给定电压的修正方法能够消除耦合关系。

6. 说明感应电机电动势矢量 $\boldsymbol{E}=[e_{qs}\quad e_{ds}]=[v_{qs}-r_si_{qs}\quad v_{ds}-r_si_{ds}]$，在稳态时，垂直于定子磁链矢量。

7. 深入研究文献［6］给出的三种磁链估计方法。

8. 选择一种合适的磁链估计方法，对例 6.1 中的感应电机间接矢量控制系统进行仿真。

a. 对磁链的估计值和实际值进行比较，检验磁链估计方法的准确度。

b. 说明解耦项 $\omega\lambda_{ds}$对控制系统性能的影响。

参考文献

1. R. Krishnan, *Electric Motor Drives: Modeling, Analysis and Control*, Upper Saddle River, NJ, Prentice Hall, 2001.
2. P. C. Krause, O. Wasynczuk, S. D. Sudhoff, *Analysis of Electric Machinery and Drive Systems*, second edition, New York, Wiley Interscience, 2002.
3. N. Mohan, *Electric Drives: An Integrative Approach*, Minneapolis, MN, MNPERE, 2003.
4. N. Mohan, *Advanced Electric Drives: Analysis, Control and Modeling Using Simulink*, Minneapolis, MN, MNPERE, 2001.
5. I. Takahashi, Y. Ohmori, "High-performance direct torque control of an induction motor," *IEEE Trans. Industry Applications*, vol. 25, no. 2, pp. 257–264, Mar./Apr. 1989.
6. J. Hu, B. Wu, "New integration algorithms for estimating motor flux over a wide speed range," *IEEE Trans. Power Electronics*, vol. 13, no. 5, pp. 969–977, Sept. 1998.

第7章　同步电机的高性能控制方法

7.1　引言

同步电机作为发电机和电动机，有着广泛的应用。发电厂使用同步发电机，把机械能转换为电能，然后输送到商业、工业和居民用户。同步电动机具有多种形式，额定功率从几分之一瓦到几百千瓦。

本章以电动机传动系统为背景，主要讨论如何控制同步电动机的转矩和转速，对永磁体转子励磁同步电动机进行了深入的讨论。永磁体转子励磁的同步电动机分为两类，第一类的转子磁场按正弦波分布，使用分布式定子绕组；另一类的转子磁场按均匀分布，使用集中式定子绕组。通常把第一类电动机称为永磁同步电动机（PMSM），把第二类电动机称为无刷直流（BLDC）电动机。

具有正弦磁场的同步电动机具有更好的性能，通常被用在高准确度的控制场合。尽管与BLDC相比，PMSM的结构复杂一些，但是，随着电力电子技术、测量仪器以及控制方法等方面的进步，PMSM的应用越来越广泛。因此，本章主要针对PMSM的建模和控制进行讨论，而在习题中对BLDC进行研究。

7.2　三相永磁同步电机模型

PMSM由定子（装有三相绕组）和带有永磁体的转子构成。当使用三相对称电源供电时，定子绕组产生大小不变、匀速旋转的磁场。当转子与定子磁场同步旋转时，转速为同步转速，产生恒定转矩。

定子绕组的形式以及转子永磁体磁场的分布决定了电机的特性。有些电机的永磁体被安装于转子内部，有些电机的永磁体被安装于转子的外表面。永磁体的磁导率很低，故其安装方式对磁路的磁阻有着很大的影响。如果转子为圆形，永磁体安装在外表面，从形状上看，气隙是不均匀的，但是，由于永磁体的磁导率接近于空气，所以，永磁体的存在并不影响有效的气隙长度，故可以认为电机具有均匀的气隙。

把永磁体安装在转子的内部，在转子直轴和交轴方向上的磁阻是不同的，因此，电机转子具有凸极特性。在下面的分析中，假设电机为凸极式电机，也就是气隙长度是不均匀的，由此建立的动态方程经过简单的修改，就可以适用于隐极式电机。

7.2.1 在 ABC 三相坐标系中的电机模型

对于如图 7.1 所示的 PMSM，定子上装有三相、正弦分布式绕组，为了清晰起见，图 7.1 中把正弦分布式绕组表示成了集中式绕组。转子为圆柱形，转子上的永磁体在气隙中产生的磁场按正弦分布。假设永磁体嵌于转子内部，转子虽具有圆柱体形状，但仍属于凸极式转子。图 7.1 中所示为两极电机，由此得到的等效电路使用电角度后也可以应用于多极电机。

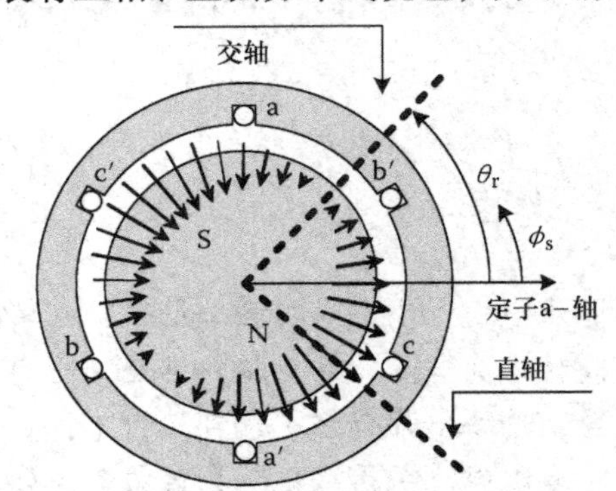

图 7.1 永磁同步电动机（PMSM）示意图

类似于转子上的永磁体，定子电流通过定子绕组产生磁链。由于转子为凸极式转子，因此磁链分布的情况与转子的位置有关。考虑 a 相绕组，a 相电流产生与所有绕组铰链的磁场，磁链的大小也与转子的位置有关。

假设由转子永磁体建立的磁通密度可以表示为

$$\boldsymbol{B}_r(\phi_s,\theta_r)=B_m\sin(\theta_r-\phi_s)\hat{\boldsymbol{r}} \tag{7.1}$$

式中，B_m 为磁通密度的幅值。利用该式（7.1）可以计算出，当转子位置为 θ_r 时，转子在 ϕ_s 方向上的磁通密度。

定子 a 相绕组的匝数密度函数为

$$n(\phi_s)=\frac{N_s}{2}|\sin(\phi_s)| \tag{7.2}$$

式中，N_s 为绕组匝数。其他相的绕组具有相同（移相）的匝数分布。

由转子产生的与 a 相绕组铰链的磁链为

$$\lambda_{a1}=-\int_0^{\pi}\frac{N_s}{2}\sin(\phi_s)\left[\int_{\phi_s}^{\phi_s+\pi}\boldsymbol{B}_r(\xi,\theta_r)\cdot(rl\mathrm{d}\xi)\hat{\boldsymbol{r}}\right]\mathrm{d}\phi_s \tag{7.3}$$

或者

$$\lambda_{a1}=\frac{N_sB_mrl\pi}{2}\sin(\theta_r)=M\sin(\theta_r) \tag{7.4}$$

式中，r 为气隙半径，l 为电机轴长。对于另外两相绕组，也可以得到类似的表达式。

定子电流产生的磁链也是定子磁链的一部分。假设定子铁心处于线性区，可以用绕组的自感和互感来表示这部分磁链。通过定子绕组的总磁链的表达式为

$$\boldsymbol{\lambda}_{abc}=\boldsymbol{L}_s\boldsymbol{i}_{abc}+\begin{bmatrix}\lambda_{a1}\\ \lambda_{b1}\\ \lambda_{c1}\end{bmatrix}=\boldsymbol{L}_s\boldsymbol{i}_{abc}+M\begin{bmatrix}\sin(\theta_r)\\ \sin\left(\theta_r-\dfrac{2\pi}{3}\right)\\ \sin\left(\theta_r+\dfrac{2\pi}{3}\right)\end{bmatrix} \tag{7.5}$$

其中，

$$\boldsymbol{L}_s=\begin{bmatrix}L_1+L_0-L_2\cos(2\theta_r) & -\dfrac{1}{2}L_0-L_2\cos\left(2\theta_r-\dfrac{2\pi}{3}\right) & -\dfrac{1}{2}L_0-L_2\cos\left(2\theta_r+\dfrac{2\pi}{3}\right)\\ -\dfrac{1}{2}L_0-L_2\cos\left(2\theta_r-\dfrac{2\pi}{3}\right) & L_1+L_0-L_2\cos\left(2\theta_r-\dfrac{4\pi}{3}\right) & -\dfrac{1}{2}L_0-L_2\cos(2\theta_r)\\ -\dfrac{1}{2}L_0-L_2\cos\left(2\theta_r+\dfrac{2\pi}{3}\right) & -\dfrac{1}{2}L_0-L_2\cos(2\theta_r) & L_1+L_0-L_2\cos\left(2\theta_r+\dfrac{4\pi}{3}\right)\end{bmatrix} \tag{7.6}$$

式中，L_1 为绕组的漏感；L_0、L_2 为常数，分别为 d、q 轴磁链分量的电感（2.6.2 节）。由方程（7.6）可见，定子绕组中的磁链与转子位置有关，转子位置是时间的函数，因此 PMSM 是一个线性时变系统。

定子电压方程为

$$\boldsymbol{v}_{abc}=r_s\boldsymbol{i}_{abc}+\frac{d}{dt}\boldsymbol{\lambda}_{abc} \tag{7.7}$$

该方程描述了电机各个电量之间的关系，下面需要找到电机转矩的表达式，把电机的电量和机械量联系起来。

7.2.2 转矩方程推导

在感应电机中，定子侧和转子侧都装有绕组，与感应电机不同，PMSM 在转子上装有永磁体，导致第 1 章中利用能量转换原理得到的相关公式，不能直接应用于 PMSM 中。为此需要采用另外一种方法，来计算作用于转子上的电机转矩，其思路是先计算出转子磁场作用于载流定子绕组的转矩，再根据牛顿第三定律，得到作用于转子上的电机转矩。另外，PMSM 的转子通常是凸极结构，而非隐极结构。下面讨论一下凸极式转子的磁阻转矩问题，即使转子不具有永磁特性，而仅由铁磁材料制成（例如，硅钢片），由于凸极转子具有与定子磁场方向一致的运动趋势（例 1.3），也会产生转矩，该转矩被称为磁阻转矩。

因此，PMSM 的电机转矩中包含有两个分量，分别为载流定子绕组和转子永磁体相互作用而产生的转矩分量，和由转子的形状产生的转矩分量（磁阻转矩）。下面分别计算这两个转矩分量。

在 a 相定子绕组中，取一个单匝线圈（整距），线圈两侧导体对应的角度分别为 ϕ_s 和 $\phi_s+\pi$，相电流为 i_a，该线圈处于转子磁场中，转子磁场按正弦分布［方程（7.1）］。线圈两侧导体必然受到大小相等方向相反的力，产生一个电机转矩。

利用基本公式 $\boldsymbol{il}\times\boldsymbol{B}$，可得电机转矩的表达式为

$$T_{\phi_s}=2i_a lrB_m\sin(\theta_r-\phi_s) \tag{7.8}$$

假设 a 相定子绕组的匝数是连续分布［方程（7.2）］的，则转子磁场作用于整个 a 相绕组上的转矩为

$$\begin{aligned} T_{as} &= \int_0^{\pi}\left[2i_a lrB_m\sin(\theta_r-\phi_s)\frac{N_s}{2}\sin(\phi_s)\right]d\phi_s \\ &= -\frac{N_s B_m rl\pi}{2}\cos(\theta_r)i_a \\ &= -Mi_a\cos(\theta_r) \end{aligned} \tag{7.9}$$

采用类似的方法，可得转子磁场作用于 b 相、c 相绕组上的转矩分别为

$$\begin{aligned} T_{bs} &= -\frac{N_s B_m rl\pi}{2}\cos\left(\theta_r-\frac{2\pi}{3}\right)i_b = -Mi_b\cos\left(\theta_r-\frac{2\pi}{3}\right) \\ T_{cs} &= -\frac{N_s B_m rl\pi}{2}\cos\left(\theta_r+\frac{2\pi}{3}\right)i_c = -Mi_c\cos\left(\theta_r+\frac{2\pi}{3}\right) \end{aligned} \tag{7.10}$$

因此，由转子磁场和定子电流相互作用而产生的作用于转子上的转矩为

$$T_{e1} = -\frac{P}{2}(T_{as}+T_{bs}+T_{cs}) = \frac{P}{2}M\left[\cos(\theta_r)\quad\cos\left(\theta_r-\frac{2\pi}{3}\right)\cos\left(\theta_r+\frac{2\pi}{3}\right)\right]\begin{bmatrix} i_a \\ i_b \\ i_c \end{bmatrix} \tag{7.11}$$

其中的系数 $P/2$ 表示电机的极对数。

下面计算由转子的凸极结构而产生的第二类转矩。在这种情况下，可以假设转子上没有永磁体，仅由磁性材料制作而成，转子置于定子腔体内，处于定子绕组产生的磁场中。由于转子永磁体已被去除，针对这个线性系统，就可以直接应用第 1 章中利用能量转换原理得到的相关公式了，在该系统中，定子绕组通过转子互相耦合，磁共能如下：

$$W'_f=\frac{1}{2}\boldsymbol{i}_{abc}^T[\boldsymbol{L}_s(\theta_r)-L_l\boldsymbol{I}_3]\boldsymbol{i}_{abc} \tag{7.12}$$

其中，$\boldsymbol{I}_3$ 为 3×3 的单位矩阵，对应于存储在漏感中的能量。由转子凸极结构产生的磁阻转矩为

$$T_{e2}=\frac{P}{2}\frac{1}{2}\boldsymbol{i}_{abc}^T\left\{\frac{\partial}{\partial\theta_r}[\boldsymbol{L}_s(\theta_r)-L_l\boldsymbol{I}_3]\right\}\boldsymbol{i}_{abc} \tag{7.13}$$

作用于电机转子上的总转矩为

$$\begin{aligned} T_e &= T_{e1}+T_{e2} \\ &= \frac{P}{2}M\left[\cos(\theta_r)\quad\cos\left(\theta_r-\frac{2\pi}{3}\right)\quad\cos\left(\theta_r+\frac{2\pi}{3}\right)\right]\begin{bmatrix} i_a \\ i_b \\ i_c \end{bmatrix}+ \end{aligned}$$

$$\frac{P}{2}L_2\left\{\sin\ (2\theta_r)i_a^2+\sin\left(2\theta_r-\frac{4\pi}{3}\right)i_b^2+\sin\left(2\theta_r+\frac{4\pi}{3}\right)i_c^2+\cdots\right.$$
$$\left.2\sin\left(2\theta_r-\frac{2\pi}{3}\right)i_ai_b+2\sin\left(2\theta_r+\frac{2\pi}{3}\right)i_ai_c+2\sin(2\theta_r)i_bi_c\right\} \tag{7.14}$$

7.2.3 转子参考坐标系中的电机方程

需要采用坐标变换的方法，使得 PMSM 动态方程中的参数不再随转子位置（时间）的变化而变化。针对 PMSM，在建立数学模型和设计高性能控制系统时，坐标变换理论是很有用的。定义一个参考坐标系，该坐标系固定于电机转子上，如图 7.2 所示。坐标系的 q 轴和 d 轴的方向分别与转子交轴和直轴的方向一致，也就是在方程（4.11）中，令 $\theta=\theta_r$，参考坐标系的电角速度为 ω_r，与转子的转速相同，单位是 rad/s。

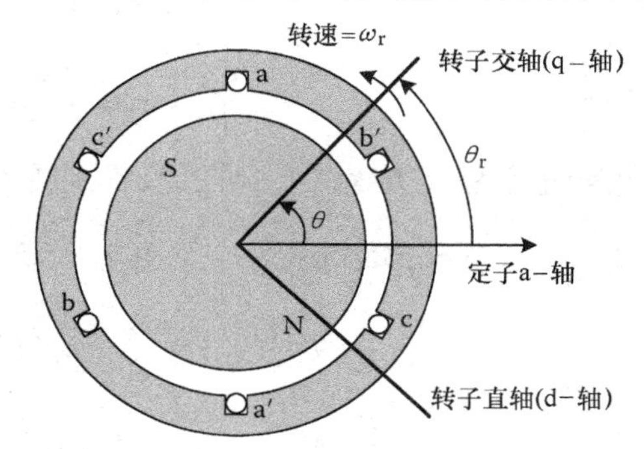

图 7.2 PMSM 的坐标变换

对磁链方程（7.5）和电压方程（7.7）进行坐标变换，可得如下方程：

$$\boldsymbol{\lambda}_{qd0}=\boldsymbol{T}_s\boldsymbol{\lambda}_{abc}=\boldsymbol{T}_s\boldsymbol{L}_s\boldsymbol{T}_s^{-1}\boldsymbol{i}_{qd0}+\boldsymbol{T}_sM\begin{bmatrix}\sin(\theta_r)\\ \sin\left(\theta_r-\frac{2\pi}{3}\right)\\ \sin\left(\theta_r+\frac{2\pi}{3}\right)\end{bmatrix} \tag{7.15}$$

$$\boldsymbol{\lambda}_{qd0}=\begin{bmatrix}L_1+L_{mq} & 0 & 0\\ 0 & L_1+L_{md} & 0\\ 0 & 0 & L_1\end{bmatrix}\boldsymbol{i}_{qd0}+M\begin{bmatrix}0\\1\\0\end{bmatrix}$$

其中，

$$L_{mq}=\frac{3}{2}(L_0-L_2)$$
$$L_{md}=\frac{3}{2}(L_0+L_2) \tag{7.16}$$

和

$$\boldsymbol{v}_{dq0}=\boldsymbol{T}_s\boldsymbol{v}_{abc}=\boldsymbol{T}_sr_s\boldsymbol{T}_s^{-1}\boldsymbol{i}_{qd0}+\boldsymbol{T}_s\frac{d}{dt}\ (\boldsymbol{T}_s^{-1}\boldsymbol{\lambda}_{qd0})$$
$$=r_s\boldsymbol{i}_{qd0}+\left(\boldsymbol{T}_s\frac{d}{dt}\boldsymbol{T}_s^{-1}\right)\boldsymbol{\lambda}_{qd0}+\frac{d}{dt}\boldsymbol{\lambda}_{qd0}$$

$$= r_s \boldsymbol{i}_{qd0} + \omega_r \begin{bmatrix} 0 & 1 & 0 \\ -1 & 0 & 0 \\ 0 & 0 & 0 \end{bmatrix} \boldsymbol{\lambda}_{qd0} + \frac{d}{dt}\boldsymbol{\lambda}_{qd0} \tag{7.17}$$

电压方程可化简为

$$\begin{cases} v_q = r_s i_q + \omega_r \lambda_d + \dfrac{d}{dt}\lambda_q \\ v_d = r_s i_d - \omega_r \lambda_q + \dfrac{d}{dt}\lambda_d \\ v_0 = r_s i_0 + \dfrac{d}{dt}\lambda_0 \end{cases} \tag{7.18}$$

把转矩方程［方程（7.14）］变换到转子坐标系，可得

$$\begin{aligned} T_e &= \frac{P}{2} M \left[\cos(\theta_r) \quad \cos\left(\theta_r - \frac{2\pi}{3}\right) \quad \cos\left(\theta_r + \frac{2\pi}{3}\right) \right] \boldsymbol{T}_s^{-1} \boldsymbol{i}_{dq0} + \\ &\quad \frac{P}{2}\frac{1}{2} (\boldsymbol{T}_s^{-1} \boldsymbol{i}_{dq0})^T \left\{ \frac{\partial}{\partial \theta_r} [\boldsymbol{L}_s(\theta_r) - L_l \boldsymbol{I}] \right\} \boldsymbol{T}_s^{-1} \boldsymbol{i}_{dq0} \\ &= \frac{3}{2}\frac{P}{2} [M i_q + (L_{md} - L_{mq}) i_d i_q] \end{aligned} \tag{7.19}$$

通过坐标变换，转矩表达式被非常明显地简化了。令 $L_{md} = L_{mq}$，转矩表达式（方程 7.19）可以直接用于计算隐极式电机的转矩。电机转矩与负载转矩共同作用于电机的转子上，电机的运动方程等同于方程 4.26。

例 7.1　PMSM 的特性

一台八极、三相 PMSM，当其转速为 1200r/min 时，产生 380V 的开路电压（rms，线电压），求电机的磁场强度系数［方程（7.4）中的 M］。

解：

在电流为 0 时，定子 a 相电压方程为 $v_a = d\lambda_a/dt$，a 相磁链为 $\lambda_a = M\sin(\theta_r)$，则 a 相的开路相电压为 $v_a = M\omega_r\cos(\theta_r)$，$\omega_r$ 为转子电角速度（rad/s）。由于开路线电压的有效值为 380V，则相电压的峰值为 $380\sqrt{2}/\sqrt{3} = 310.3\text{V}$，根据以上分析可得：

$$M = \frac{310.3}{1200 \times \dfrac{2\pi}{60} \times \dfrac{8}{2}} = 0.617\text{V} \cdot \text{s}$$

7.2.4　稳态模型

电机处于稳态时，供电电压的频率 $2\pi f_e$ 决定了同步电机转子的电角速度，该（同步）电角速度［方程（2.17）和（2.18）］也为定子旋转磁场的电角速度。在稳态条件下，qd0 分量的值恒定不变，所以相关变量关于时间的导数为 0。下面给出了 PMSM 的稳态方程，其中同步电角速度用 ω_e 表示。另外，在以下方程中，假

设三相平衡，故 0 轴分量的值为 0。

由方程（7.15），可得稳态磁链方程为

$$
\begin{aligned}
\psi_{q} &= \omega_{e}\lambda_{q} = \omega_{e}(L_{l}+L_{mq})i_{q} \\
\psi_{d} &= \omega_{e}\lambda_{d} = \omega_{e}(L_{l}+L_{mq})i_{d}+\omega_{e}M
\end{aligned}
\tag{7.20}
$$

由方程（7.18），可得稳态电压方程为

$$
\begin{aligned}
v_{q} &= r_{s}i_{q}+\psi_{d} = r_{s}i_{q}+\omega_{e}(L_{l}+L_{mq})i_{d}+\omega_{e}M \\
v_{d} &= r_{s}i_{d}-\psi_{q} = r_{s}i_{d}-\omega_{e}(L_{l}+L_{mq})i_{q}
\end{aligned}
\tag{7.21}
$$

由于定子供电频率和参考坐标系的转速是一致的，与感应电机稳态等效电路一样，也可以用 q、d 轴定子电压和定子电流分别表示三相定子电压和三相定子电流。由于 d 轴、q 轴电感不相等，不能把方程（7.21）中的两个式子合并成一个相量，因此对于 PMSM，三相稳态等效电路在使用方面受到一定的限制。

例 7.2　凸极式 PMSM 的相量图

忽略 PMSM 的定子电阻，在 qd0 参考坐标系中，画出电机各变量的相量图。

解：

忽略定子电阻，电压方程变为

$$
\begin{aligned}
v_{q} &= \omega_{e}(L_{l}+L_{mq})i_{d}+\omega_{e}M \\
v_{d} &= -\omega_{e}(L_{l}+L_{mq})i_{q}
\end{aligned}
$$

在下图中，参考坐标系的 d 轴方向和转子磁场方向一致。电压的 q 轴分量包括 ω_{e}（$L_{l}+L_{mq}$）i_{d} 和 $\omega_{e}M$ 两部分。d 轴分量为负，$\boldsymbol{V}_{a}=v_{q}-\mathrm{j}v_{d}$，最后电压相量 $\boldsymbol{V}_{a}$ 如下图所示。

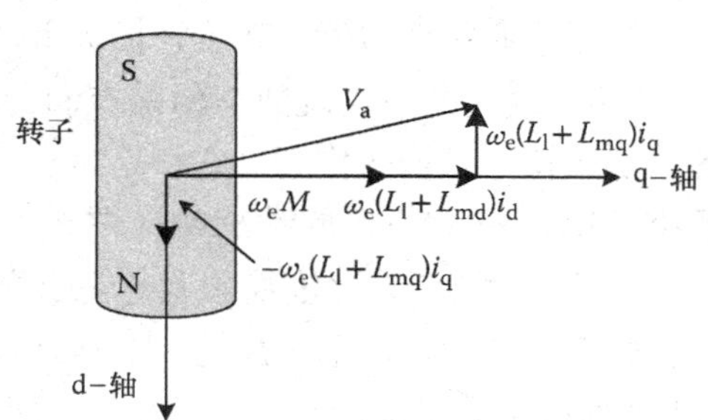

7.3　PMSM 的转矩控制

7.3.1　转矩和速度控制原理

如上所述，PMSM 和直流电机具有相似的内在本质。一旦获知了转子的位置，则可以定义一个旋转坐标系，其中 d 轴和转子的直轴同向，也就是和转子的磁场方向一致。定子电流分解为 d 轴分量和 q 轴分量，d 轴分量与转子磁场的方向一致，可以产生正向和负向的 d 轴磁场［如式（7.15）所示，控制电机磁场的大小］。q 轴分量与转子磁场方向垂直，该方向能够产生最大的电机转矩（控制电机转矩的大小）。在他励式直流电机中，主磁场和电枢绕组的磁场是相互垂直的，可以通过励磁电流和电枢电流分别进行控制，由此可见 PMSM 和他励直流电机是非常相似的。

图 7.3 给出了 PMSM 闭环速度控制系统的框图。通常用位置传感器检测转子 d 轴位置，加 90°的相移得到参考坐标系 q 轴的位置。在图 7.3 中的 θ_r 与图 7.1 中的 θ_r 是一致的。

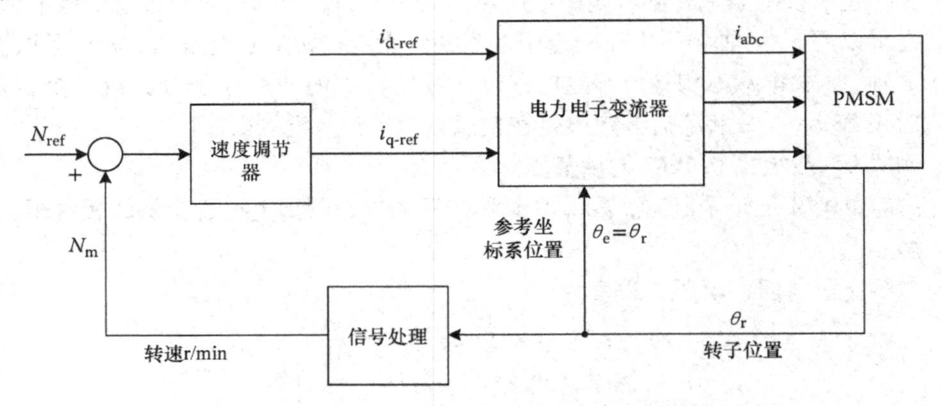

图 7.3　PMSM 闭环速度控制系统

在图 7.3 中，利用实际转速和参考转速之间的误差，速度控制器输出 i_q 实现对电机转矩的控制，i_d 的给定值通常设为零。在这种情况下，转矩由转子磁场和电流 i_q 决定。如果 i_d 的给定值为负，此时实现的是弱磁控制，负的 i_d 产生一个与转子磁场方向相反的磁场，削弱转子磁场的作用。

图 7.4 给出了一组小功率四极 PMSM 的动态响应曲线，给定转速由 200r/min 阶跃变化到 500r/min。i_d 的给定值为 0，速度控制器的输出为 i_q 的给定值，通过对 i_q 的控制，在转子上产生所需的转矩，使电机加速。在速度调节器的输出端，设置了 5A 的限幅，以免产生过大的定子电流。

利用滞环 PWM 技术，对定子电流进行控制（在第 8 章介绍），使得在定子电流中存在着少量的纹波。为产生光滑的响应曲线，对速度调节器的参数进行了整定。

7.3.2　实际问题

在图 7.3 中，电力电子变流器需要用参考坐标系的角度作为输入，以产生给定的正弦电流。该角度信号直接由转子位置传感器产生，其准确度取决于位置传感器的准确度。因此，需要使用高准确度的位置传感器，特别当调速范围较宽时，就要

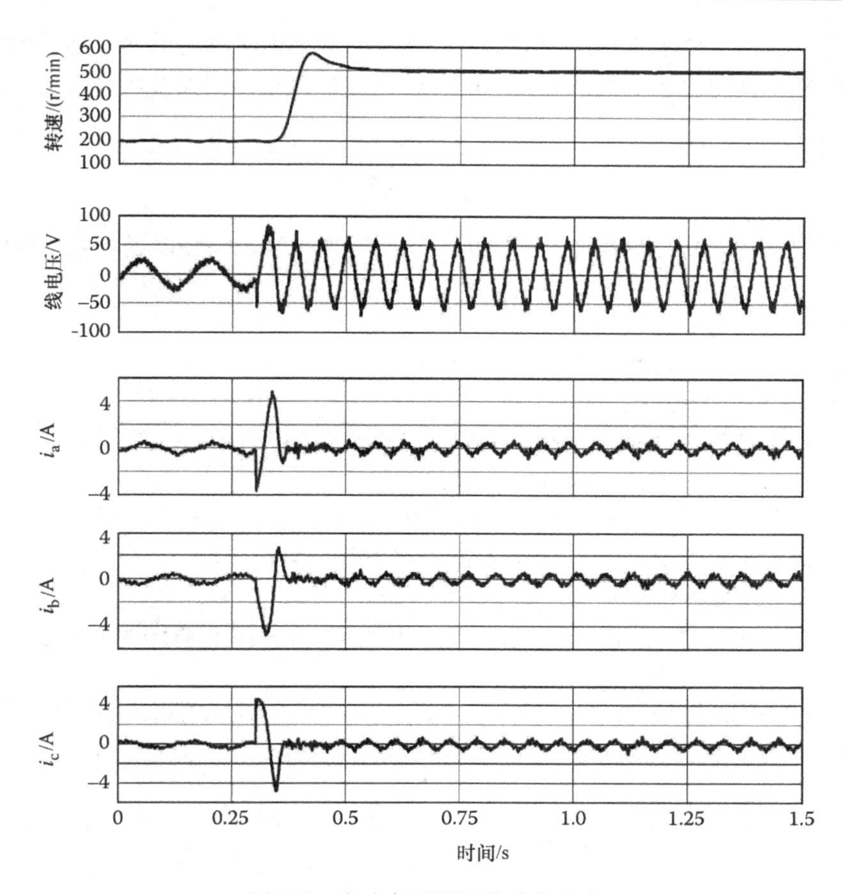

图 7.4　小功率 PMSM 的动态响应

求位置传感器在高速和低速时都有足够的准确度。另外，还要求变流器及其控制器，能够产生高质量的正弦定子电流。以上要求增加了 PMSM 控制系统的成本和复杂性。而均匀磁场分布——梯形感应电动势的永磁同步电机，能够显著地降低系统的成本和复杂性，关于此问题，将在本章的习题部分进行讨论。

7.4　结束语

本章的参考文献对永磁同步电机的相关内容进行了深入的讨论。文献［1］和文献［2］深入地讨论了 BLDC 的理论、设计以及控制问题。文献［3］讨论了基于参考坐标系的 BLDC 的建模和控制问题。在 IEEE 和其他技术资料中，也可以找到许多相关的论文。

在混合动力汽车和电动汽车中，永磁同步电机得到了广泛的应用，单独或者与发动机一起为机车提供驱动力。近来，一种新型的永磁同步电机也被应用到了机车的驱动中，这种电机采用轴向磁通结构，电机中的磁通是轴向的而不是径向的。虽然这种电机与径向磁通电机的结构不同，但是本章介绍的相关性质也适用于这种轴向磁通电机。

习　题

1. 基于凸极式 PMSM 的磁链表达式和电压表达式，得到隐极式 PMSM 的磁链表达式和电压表达式。

a. 求其稳态模型和等效电路；

b. 与直流电机的模型进行比较，评价两者的相似性。

2. 画出隐极式 PMSM 的相量图。

3. 说明为何凸极式 PMSM 的开路电压相量垂直于转子磁链相量？

4. 一台三相、四极永磁同步电机的参数如下：

$$r_s = 1.2\Omega、L_l = 1.85\text{mH}、L_{md} = L_{mq} = 17\text{mH}$$

当电机的转速为 1800r/min 时，电机的开路相电压为 254V（rms）。

a. 求电机的磁场强度系数？

b. 电机的转速为 1800r/min，相电流为 55A，功率因数为 0.9（超前），求定子电压。

c. 求电机的输入功率。

5. 一台梯形电动势 PMSM 的结构如下图所示。定子绕组为集中式绕组，转子磁场均匀分布，具有如下形式的表达式：

$$B_r(\phi_r) = \begin{cases} B_m \hat{r} & -\frac{\pi}{2} + \frac{\gamma}{2} < \phi_r < \frac{\pi}{2} - \frac{\gamma}{2} \\ 0 & \frac{\pi}{2} - \frac{\gamma}{2} < \phi_r < \frac{\pi}{2} + \frac{\gamma}{2} \end{cases}$$

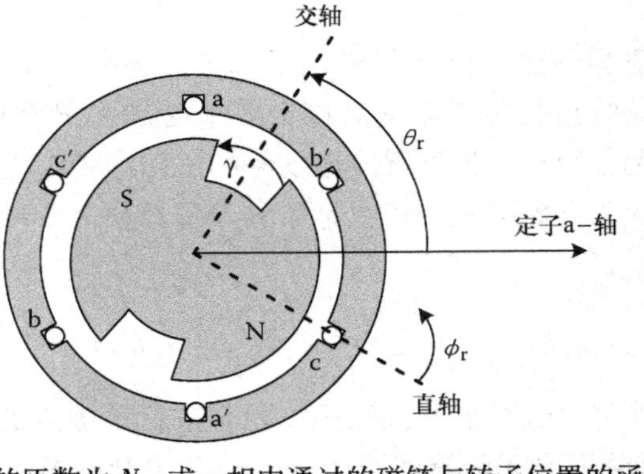

a. 集中式 a 相绕组的匝数为 N，求 a 相中通过的磁链与转子位置的函数关系表达式。

b. a 相绕组的感应电压波形。

c. b 相绕组和 c 相绕组的感应电压波形。

d. 求使电机产生恒定转矩的三相电流波形（由外部电源供电）。

e. 评价梯形电动势 PMSM 的优缺点。

参考文献

1. D. Hanselman, *Brushless Permanent Magnet Motor Design*, second edition, Hillsboro, OH, Magna Physics Publishing, 2006.
2. J. F. Gieras, *Permanent Magnet Motor Technology: Design and Application*, Boca Raton, FL, CRC Press, 2010.
3. P. C. Krause, O. Wasynczuk, S. D. Sudhoff, *Analysis of Electric Machinery and Drive Systems*, second edition, New York, Wiley Interscience, 2002.

第 8 章　电机驱动用电力电子电路

8.1　引言

在第 3 ~ 7 章，分别对交流电机传动系统和直流电机传动系统进行了介绍。在这些系统的实现过程中，需要对电机的电气变量进行控制，例如电压、电流的幅值或频率。在前文中，把可控电源作为黑箱处理，认为其内部电路和控制策略（得到所需电压或电流方法）不对电机的控制产生影响。

在本章，将介绍实际的电力电子电路，利用这些电路，可以实现对直流电机和交流电机的控制。功率半导体器件是电力电子电路的核心内容。利用不可控的交流和直流电源，使用不同类型的开关器件和不同的开通时间控制方法，可以产生可控的交流和直流电压（或电流）。

图 8. 1 示意性地描述了变换过程，电机需要使用可控的交流电源或直流电源供电，通过电力电子电路把固定（幅值和频率都不变）的交流电源或直流电源和电机连接起来。

电力电子技术的内容非常宽广，本书主要讨论电机的驱动方法，因此，不可能也不必要详细地介绍电力电子的所有内容。本章仅介绍一些广泛应用于电机驱动中的特殊类型的电力电子电路。通过本章的学习，可以了解这些电力电子电路的基本原理。在本章的参考文献中，为读者列出了一些关于本专题的资料。在本章中，假设读者已经具有了关于半导体开关器件的基本知识，附录 B 对相关的内容进行了简要的介绍。

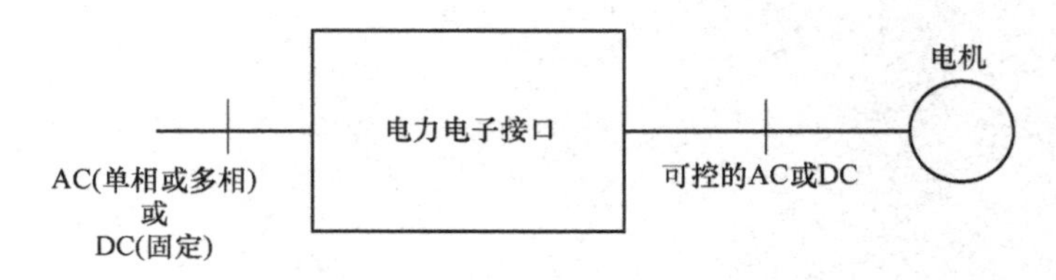

图 8. 1　位于固定电源和电机之间的电力电子接口

8.2　交流电源变换

交流电源是使用最广泛的供电电源。电网为用户提供电压恒定、频率恒定的交流电源，交流电源可以是单相的也可以是三相的。如果用交流电源给直流电机或者交流电机供电，那么就需要使用电力电子电路，通过整流电路得到所需的直流电，或者把恒压/恒频的交流电变换成变压/变频的交流电。

把交流电变换成直流电的电力电子装置称为整流器。可以采用多种形式，把固定的交流电变换成可控的交流电，实现该功能的变流器包括交流电压控制器、交-交变流器、交-直-交变流器。交流电压控制器和交-交变流器直接把固定的交流电变换成所需的交流电，而交-直-交变流器使用了直流环节。在 8.2.1 节和 8.2.2 节中，介绍三相整流器和交-交变流器。介绍完 DC-AC 变换后，在 8.3.5 节讨论交-直-交变流器。

8.2.1　三相 AC-DC 整流器

在如图 8.2 所示的整流器中，有六个二极管。六个二极管分为三个桥臂，例如 D1 和 D4 为一个桥臂，每一个桥臂和一相电源相连。直流侧负载为一个电感，在电感的作用下，电流为一个近似不变的直流量。

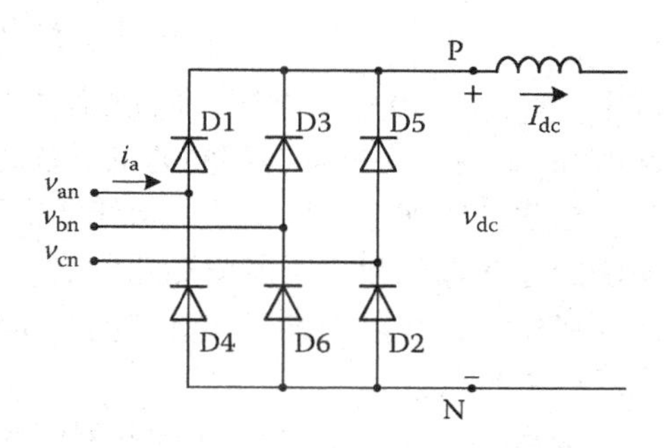

图 8.2　三相二极管整流桥

相对于公共地 N，正极电压 v_{Pn} 为三相瞬时电压中的最大值，负极电压 v_{Nn} 为三相瞬时电压中的最小值。图 8.3 用加粗的包络线给出了正极电压和负极电压的波形。

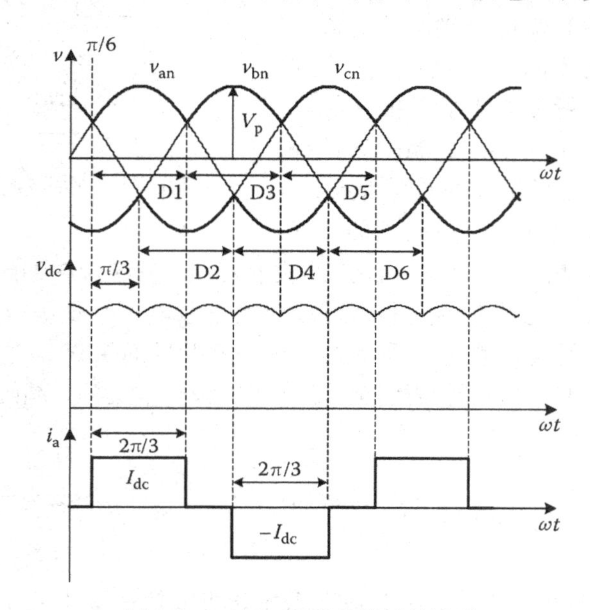

图 8.3　三相二极管整流桥的波形

对于图 8.3 中的电压波形，需要注意以下几点。首先，在一个周期里，每个二极管都导通 120°，所有二极管导通产生的组合效果是，在直流侧产生六个脉波，每个脉波 60°，因而称这种变流器为六脉波变流器。交流侧的电流是对称的交流电，但是由于负载的原因，使得直流电流为几乎不变的直流电，而不是正弦波。在大多数的情况下，交流侧线电流中的谐波不能满足应用的要求，因此，该变流器总是要和交流滤波器一起使用，以减少线电流中的谐波成分。

其次，由于在每个基波周期内都有六个脉波，所以直流电压不是恒定的直流量，而是在平均电压（DC）上叠加了 $6n$ 次（例如，6 次、12 次、18 次）的谐波。直流平均电压的计算公式为

$$V_{\mathrm{dc}} = \langle v_{\mathrm{dc}} \rangle = \frac{2}{2\pi/3}\int_{\frac{\pi}{6}}^{\frac{5\pi}{6}} V_{\mathrm{p}}\sin(\omega t)\,\mathrm{d}(\omega t) = \frac{3\sqrt{3}}{\pi}V_{\mathrm{p}} = \frac{3\sqrt{2}}{\pi}V_{\mathrm{LL}} \tag{8.1}$$

其中，V_{dc}为直流平均电压；V_{p} 为相电压的峰值；V_{LL}为线电压的有效值。v_{Pn}的平均值和 v_{Nn}的平均值具有相同的绝对值，因此，V_{dc}是 v_{Pn}平均值的 2 倍。

注意，在理想的情况下，交流线电流在 $0 \sim \pm I_{\mathrm{dc}}$之间跳变。在实际中，由于交流侧的导线电感和变压器漏感的影响（变压器连接交流电源和整流桥），将限制电流的变化率，对电流波形和直流侧电压波形造成影响。在本章的习题部分，将对这个问题进行讨论。

虽然，这种类型的整流器也可以应用在高品质的直流电源中，但是，其输出电压是不可控的。这是其严重的缺点，无法应用在需要用可变直流电压供电的直流电机中。为了解决这个问题，必须使用可控开关器件。例如，图 8.4 中所示的三相六脉波可控整流器，采用半控的晶闸管代替了二极管，运行时的波形如图 8.5 所示。

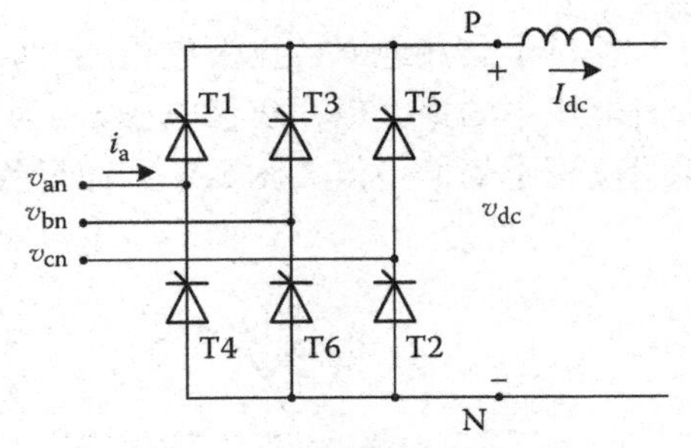

图 8.4 三相晶闸管整流桥

晶闸管具有延迟开关导通的功能，延迟角度用触发角 α 表示。与图 8.3 给出的波形相比，晶闸管在正向偏置点的基础上延迟 α 角后导通。通过改变触发角，可以改变正极电压和负极电压，从而改变整流器的输出电压。注意，在一个周波内，每个开关导通 120°，在输出的直流电压中，也包含 6 个脉波，但是脉波的形状不同于二极管整流桥。晶闸管整流器的平均电压的计算方法为

$$V_{\mathrm{dc}} = \langle v_{\mathrm{dc}} \rangle = \frac{2}{2\pi/3}\int_{\frac{\pi}{6}+\alpha}^{\frac{5\pi}{6}+\alpha} V_{\mathrm{p}}\sin(\omega t)\,\mathrm{d}(\omega t) = \frac{3\sqrt{3}}{\pi}V_{\mathrm{p}}\cos\alpha = \frac{3\sqrt{2}}{\pi}V_{\mathrm{LL}}\cos\alpha \tag{8.2}$$

由方程（8.2）可以看出，通过改变触发角可以控制输出电压。也就是通过改变触发角可以改变输出直流电压的平均值。需要特别注意的是，如果触发角大于

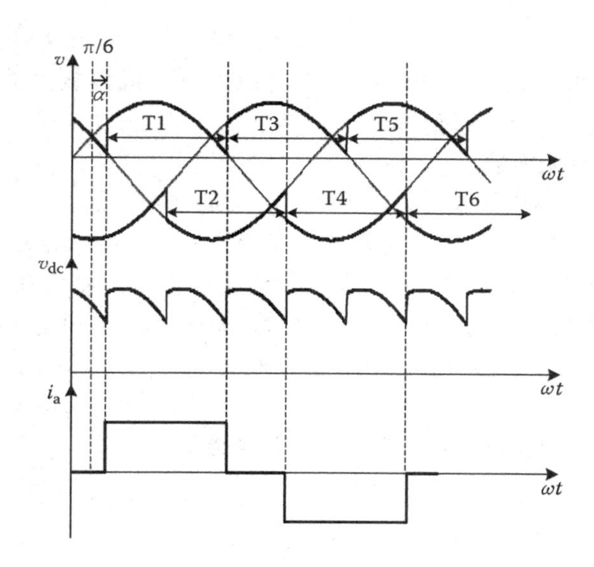

图 8.5　三相晶闸管整流桥的波形

90°，则平均电压为负。在这种情况下，有功功率将由直流侧流向交流侧，负载电流仍按图中方向流动，变流器运行于逆变器的工作方式。晶闸管整流器的输出电流总是为正，但是输出电压可正可负。因此，这种变流器为两象限变流器。

从方程（8.2）可以看出，由于 $\cos\alpha$ 的存在，导致输出电压的平均值与触发角是非线性关系。一般来讲，由控制系统的观点出发，不希望出现这种非线性特性，但是由于该非线性关系是确定的，同时是可逆的（例 8.1），因此，可以在控制系统中，用数学的方法去掉该非线性。

例 8.1　变流器的线性化

下图给出了一部分闭环控制系统的结构图，在该控制系统中，控制器的输出为触发角的给定信号（限制在［－180°，180°］），产生的触发脉冲送给晶闸管整流桥，整流桥则产生一个正比于 $\cos\alpha$ 的平均电压，找出一种变流器的线性化方法。

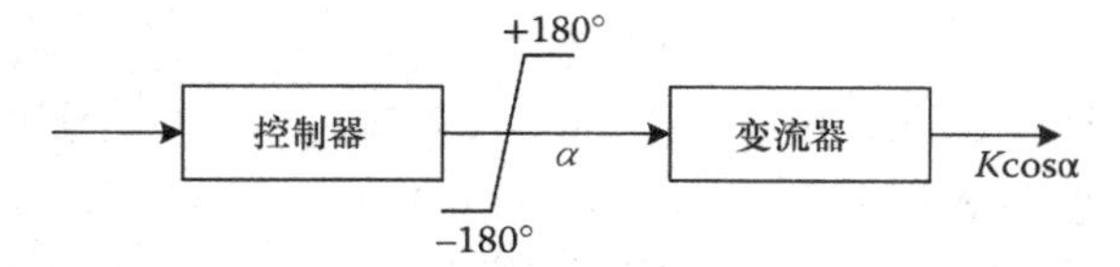

解：

为了消除变流器的非线性，需要增加一个反余弦环节，如下图所示。

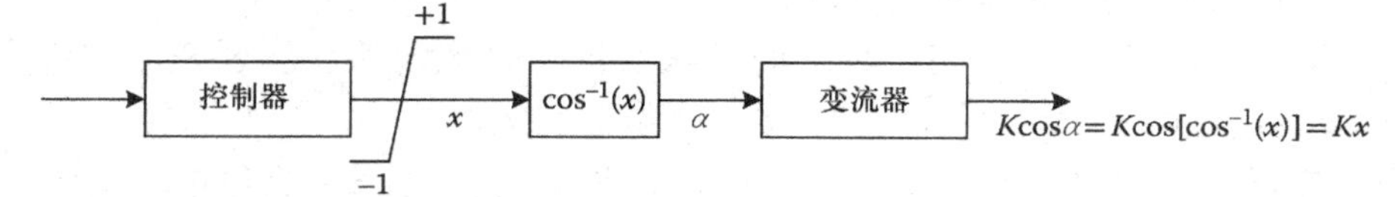

加入的 $\cos^{-1}(x)$ 环节，产生一个中间变量，该中间变量作为变流器的输入信号，$\cos^{-1}(x)$ 和变流器串联后的特性类似于一个线性放大器，增益 $K=3\sqrt{2}V_{LL}/\pi$，K 也是三相晶闸管整流桥的放大系数。

例 8.2　变流器供电的直流电机

在第 3 章例 3.4 给出的他励直流电机，参数如下：

电枢电阻：$R_a=0.2\Omega$，反电动势系数：0.05V/A×（r/min）

电机的励磁电流为 2A，由三相晶闸管整流桥供电。整流桥的交流侧电压为 380V、60Hz，触发角为 70°，电机负载转矩为 20N·m。电枢电感充分大，能够保证电枢电流基本上为一个恒定值，求电机的转速。

解：

如第 3 章的例 3.4，电机负载对应的电枢电流为

$$I_a=\frac{T_L}{K_f I_f}=\frac{20}{0.05\times\frac{60}{2\pi}\times 2}=20.94\text{A}$$

根据 KVL 定律有

$$V_a=\frac{3\sqrt{2}}{\pi}V_{LL}\cos\alpha=R_a I_a+E_a$$

其中，$V_{LL}=380\text{V}$，$\alpha=70°$，根据上式，可得电机的反电势为 171.3V，电机转速为

$$N_m=\frac{E_a}{0.05 I_f}=\frac{171.3}{0.05\times 2}=1713\text{r/min}$$

8.2.2　AC－AC 变换：三相交－交变流器

在交流电机控制系统中，为了实现对电机的转矩或转速的控制，需要改变供电电压的幅值和频率，实现这种变换的变流器可以使用中间直流环节，也可以不使用中间直流环节。在本节，介绍一类 AC－AC 变流器，这类变流器不使用中间直流环节，直接进行变换，因此，被称为交－交变流器（Cycloconverters）。在 8.2.1 节中，介绍的晶闸管三相桥是其基本的构成模块。

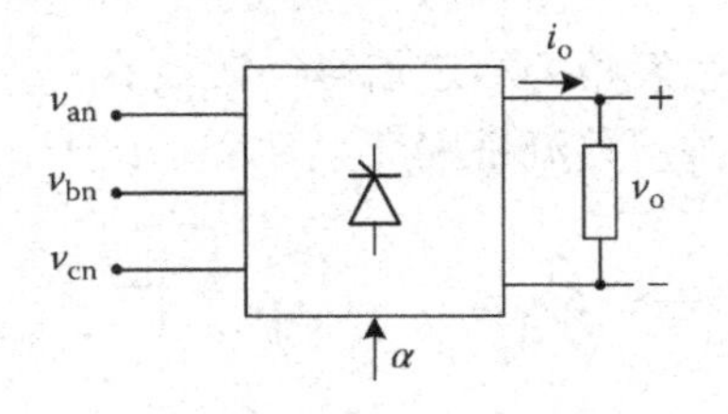

图 8.6　连接交流负载的晶闸管三相桥

在图（8.6）所示的电路中，晶闸管三相桥与 RL 负载相连。假设负载的电感足够大，保证负载电流近似恒定，可利用方程（8.2），计算稳态时的负载平均电压。

在推导方程（8.2）的过程中，假设触发角 α 是恒定的。当 α 随给定值变化时，变流器经过一个瞬态过程后，进入一个新的稳态。

在实际中，如果触发角不是恒定的，而是缓慢变化的，变化率比交流电源

的频率小得多，那么方程（8.2）也是成立的。作为特例，假设触发角按如下规律变化

$$\alpha(t)=\cos^{-1}[A\cos(\omega_r t+\theta)] \tag{8.3}$$

式中，$A\in[0,1]$，ω_r 比交流电源的频率小得多。如果触发角 α 变化得足够缓慢，以至于在交流电源的一个周波内，α 近似恒定（满足稳态要求），变流器输出的平均电压为

$$V_o(t)=\frac{3\sqrt{2}}{\pi}V_{LL}\cos\alpha(t)=\frac{3\sqrt{2}}{\pi}V_{LL}A\cos(\omega_r t+\theta) \tag{8.4}$$

也就是说，通过缓慢地改变触发角，可以产生一个频率为 ω_r 的正弦输出电压。该电路把固定的交流电压，变换成了一个低频的正弦电压，可以用来驱动低速运行的交流电机。由于晶闸管的额定电压很高、额定电流很大，所以这类 AC－AC 变流器被广泛地应用于大功率、低转速的感应电机传动系统中。

然而，还需要解决反向电流通路的问题。在正弦电压的作用下，负载电流为有正负变化的正弦波。在电流的负半周期，变流器的晶闸管将阻断电流的通路。也就是说，变流器能够产生按正弦变化的平均电压，但不能给反向电流提供回路。

为了解决这个问题，即给负载正弦电流提供流通回路，方法是在负载两端再反并联一个相同的晶闸管三相桥，如图 8.7 所示。当电流为正时，用“正向”变流器给负载供电，当电流为负时，由“负向”变流器给负载供电，在图 8.7 中标出了电流的方向。为了避免两个变流器同时运行，在切换时需要增加一个死区时间。对于三相负载，每相负载都由正、负两套变流器供电，共需使用六个晶闸管三相桥。

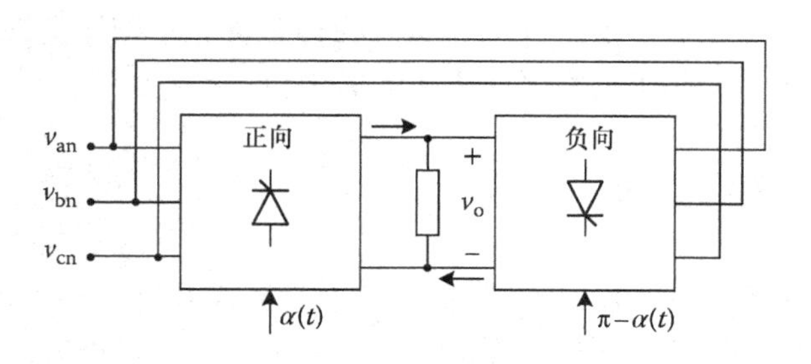

图 8.7　三相到单相的交－交变流器

例 8.3　交－交变流器的仿真

下图给出了交－交变流器的电源侧和负载侧的电压、电流波形。幅值［方程（8.4）］保持不变，输出电压的频率 ω_r 由 10π（5Hz）增加到 30π（15Hz）。

放大后的输出电压波形如下图所示，可以更清楚地看出：输出电压是随时间变化的平均电压。

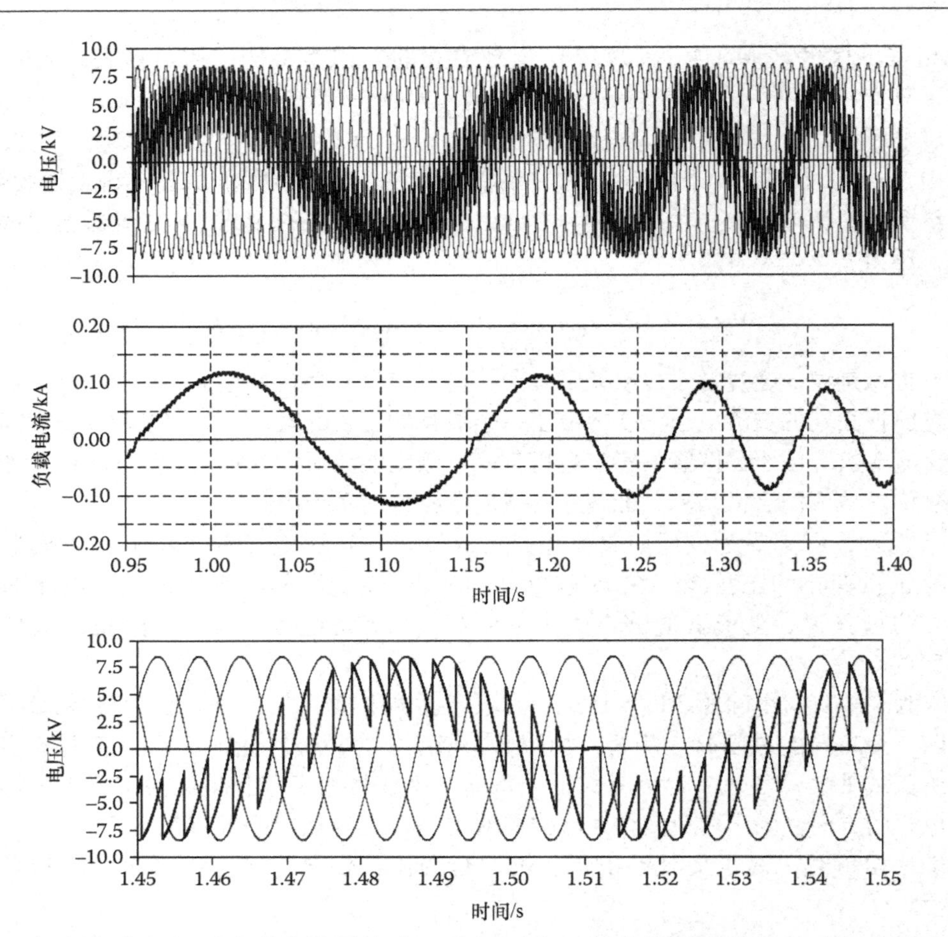

电流波形比电压波形光滑了许多，其原因在于负载是感性负载，对高次谐波具有抑制作用，因此，抑制了负载电流中的高频成分。

8.3　直流电源的变换

在8.2节，介绍了一些用来实现AC－AC变换或者AC－DC变换的变流器电路。本节介绍实现DC－DC变换或者DC－AC变换的变流器电路。在这些电路运行时，必须以直流电源作为输入。由于在多级变流器中，常常用上级变流器（通常为整流器）作为直流源，因此，本节介绍的电路在多级变流器中具有重要的作用。在8.3.1节到8.3.5节，假设所需直流电源已经存在，用直流电源符号来表示。在建立了一定的基础后，再对多级变流器进行进一步的介绍。

由于本节讨论的变流器使用的直流电源是电压源（或者用其他方法维持一个稳定的电压，例如大容量电容器），因此，被称为电压源型变流器（VSC），VSC模块（以后称为开关单元）既能输出直流电，也能输出交流电。

8.3.1　两电平 VSC 开关单元

VSC 开关单元的拓扑结构如图 8.8 所示，含有两个全控型开关器件，每个开关器件和一个反向并联二极管相连，另外，两个完全一致的直流电源串联后与直流母线连接。开关器件有两个互补的状态（开通状态和关断状态），是不能同时处于同一状态。处于开通状态时，将负载和电源短路，处于关断状态时，则阻断负载电流。

开关器件 T_1 和 T_2 轮流导通，负载两端的电压交替为 +E 和 -E，所以该单元被称为两电平 VSC 开关单元。由于电流只能沿着一个方向流过开关器件，故需要利用反向并联二极管给负载电流提供反向通路。

这种开关单元是非常通用的电路，可以产生所需的电压和电流，因此，被大量地应用在电机传动系统中，下面介绍开关单元的工作原理。

8.3.2　可控直流电压

假设变流器的开关频率为 $f_0 = 1/T_0$，变流器在一个开关周期的工作情况如图 8.9 所示，正脉冲和负脉冲的宽度由参数 m 确定。

在一个开关周期 T_0 内，变流器产生一定宽度的电压 $+E$ 和 $-E$，如图 8.9 所示，输出电压的平均值为

$$V_o = \langle v_o(t) \rangle_{T_0} = \frac{1}{T_0}\left[-(1-m)\frac{T_0}{2}E + (1+m)\frac{T_0}{2}E \right] = mE \tag{8.5}$$

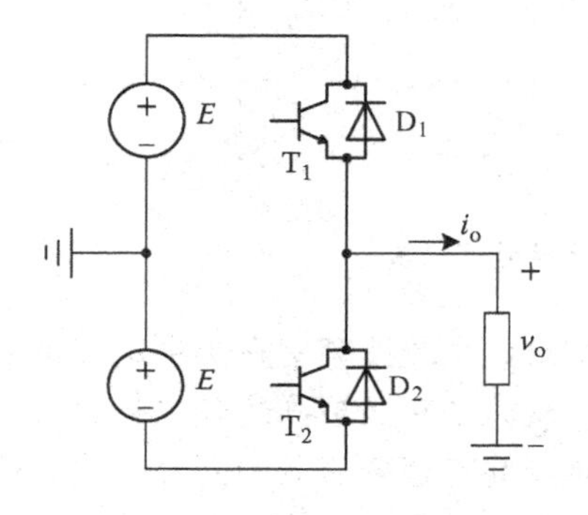

图 8.8　VSC 开关单元的拓扑结构

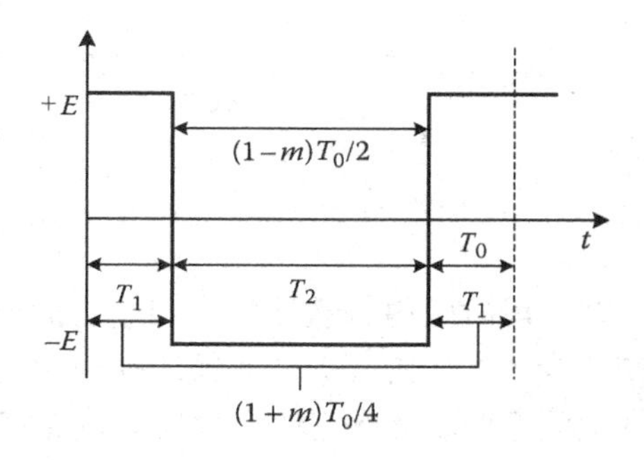

图 8.9　VSC 的一个开关周期

由方程（8.5）可以看出，平均输出电压是 m 的线性函数。m 直接决定着电压脉冲的宽度，在[-1，+1]之间改变 m，则可以在[$-E$，$+E$]之间改变输出电压的平均值，实现对输出电压的线性控制。输出电压不是纯直流电压，含有可控直流电压分量和高频电压分量。由该电源供电的负载，如果其动态足够慢，则高频电压分量对负载没有显著的影响，负载电压主要由可控直流电压分量决定。例如，一台大功率直流电

机，由于“慢”机械系统具有低通滤波器的性质，因此，惯性轴只对平均电压响应。所以，电机转速主要由输出电压中的直流电压分量（平均值）决定。

只要负载的最小时间常数比开关周期 T_0 大很多，就可以认为负载具有充分慢的动态特性，对高频振荡具有足够的阻尼作用。在高频电压分量（大于或等于开关频率）的作用下，负载没有足够的时间发生明显的变化，故可以假设负载只对平均电压分量（DC）的变化做出反应。

下面讨论如何产生 T_1、T_2 的驱动信号，以得到如图 8.9 所示的电压波形。在图 8.10 中，三角波（载波信号）的频率为 T_0，给定电压对应于 m，使用比较器对这两个信号进行比较，当 m 大于载波信号，则产生使 T_1 为导通状态的驱动信号，否则产生使 T_1 为关断状态的驱动信号，T_2 的驱动信号与 T_1 的驱动信号互补（相反）。按照以上的方法，就可以得到如图 8.10 所示的开关状态，产生如图 8.9 所示的输出电压。改变 m 的大小，就可以改变电压脉冲的宽度，进而改变直流输出电压。

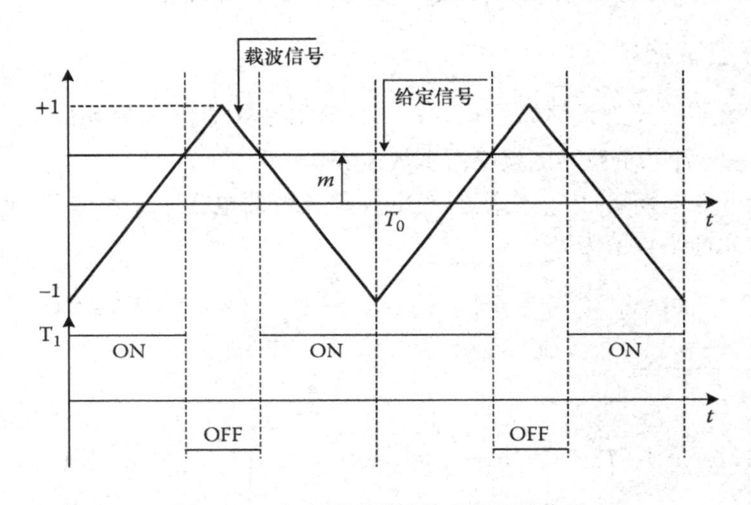

图 8.10　产生驱动开关单元的开关信号

在一段时间内，载波信号和给定信号的相交次数由载波频率直接决定。每一次相交，开关器件的开关状态就改变一次，因此，载波频率又被称为开关频率。在确定开关频率时，必须考虑负载的时间常数，同时还要考虑变流器的开关损耗，这个问题将在 8.4 节中讨论。

8.3.3　可控交流电压

在 8.3.2 节中，为了产生一个可控的直流电压，给定信号 m 为不变的常数，以保持输出电压的平均值不变。如果给定信号 m 随时间缓慢变化，其大小在一个开关周期（载波周期）内基本为常数，在一个沿时间轴滑动的窗口内，对输出电压进行平均，则可以观察到电压的平均值随着给定信号的变化而缓慢变化。

如果给定信号是低频（和载波相比）的正弦波，则在变流器输出的电压脉冲序列中，也包含频率相同的正弦分量，假设给定信号按如下规律变化：

$$r(t)=m\sin(\omega_r t) \tag{8.6}$$

其中，ω_r 为输出交流电压的频率，$\omega_r \ll 2\pi/T_0$。综合方程（8.5）和方程（8.6），可知输出电压的平均值为

$$\langle v_0 \rangle (t)=mE\sin(\omega_r t) \tag{8.7}$$

其中，m 为调制度。这种通过改变电压脉冲宽度，产生交流电压的方法被称为脉宽调制（Pulse－Width Modulation，PWM）技术。

图8.11说明了PWM技术的原理，其中包含一个三角载波、一个幅值为0.8的正弦波和输出的电压脉冲序列，图8.11中还给出了输出电压的基波分量。在这个特例中，载波的频率是基波频率的15倍，图8.12给出了输出电压的频谱。

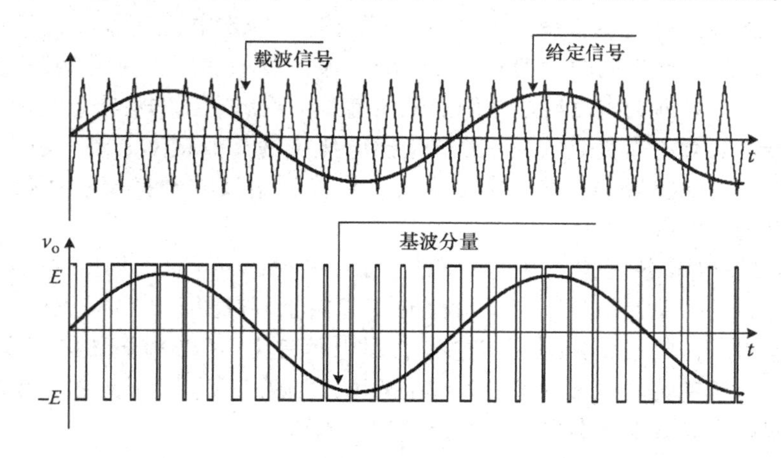

图8.11　利用PWM技术产生可控的交流电压

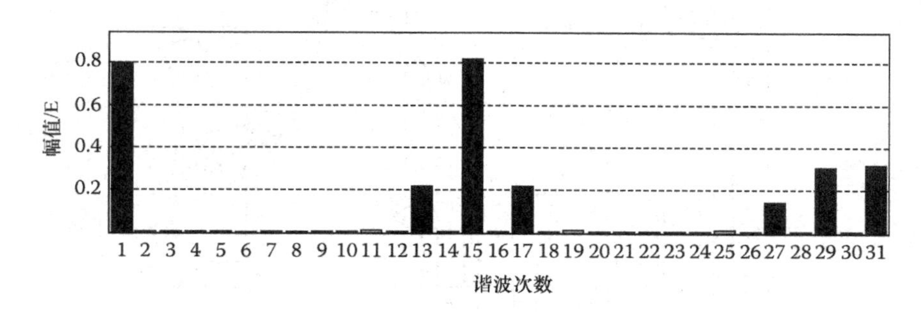

图8.12　输出电压的频谱

通过观察输出电压的波形和它的谐波频谱，可以看出PWM技术的几个重要特性：

1. 输出电压的基波幅值与电压 E 的比值，等于调制度（0.8，见图8.11中的

波形)，这个结论与平均电压表达式［方程（8.7）］是一致的。

2. 输出电压中的谐波主要为 $15n$ 次谐波，注意 15 为载波频率与基波频率的比值，低频谐波几乎为零，这是 PWM 方法的突出优点，使用 PWM 技术可以把谐波分量移动到高频带，而系统本身的阻尼可以有效地减少高频谐波（电压）的影响。

当 $m \leqslant 1$ 时，输出电压的基波幅值与调制度之间具有线性关系。当 $m>1$ 时，基波幅值与调制度之间则不再保持线性关系，当 m 很大时，进入饱和区。在实际应用中，非线性会增加系统的复杂程度，因此，需要对产生 m 的控制器的输出进行限幅，以避免出现 $m>1$ 的情况。

8.3.4　可控交流电流

利用 PWM 技术对开关单元进行控制，可以产生可控的直流或交流电压。PWM 技术的基本原理：对高频三角载波和低频调制波（给定电压信号）进行比较，根据比较结果，产生恰当的驱动信号。无论调制波的类型如何，利用 PWM 控制的开关单元都产生一系列的宽度经过调制的电压脉冲，输出电压的低频分量由调制波决定，并与给定的直流或交流电压一致。输出电压中的其他频率分量，是由 PWM 本身产生的，并不期望得到。按照实际需要，可以利用滤波器把这些高频分量滤除掉，也可以对之不进行处理。

对普通的 PWM 技术进行改进，利用 CR－PWM（Current－Reference PWM，CR－PWM)，开关单元也可以产生可控的交流电流。在图 8.13 中，有一个给定电流和两条包络线，包络线紧随给定电流的变化而变化。CR－PWM 的基本原理是，输出恰当的电压使负载电流处于两条包络线内。如果上下两个包络线与给定电流充分接近，就认为实现了负载电流对给定电流的跟踪。

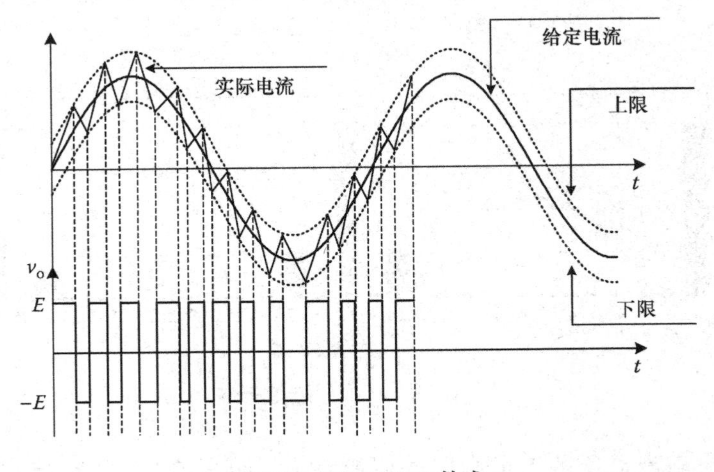

图 8.13　CR－PWM 技术

如图 8.13 所示，在 CR－PWM 中使用的控制方法为，当电流触及下包络线时，

开关器件 T_1 导通，负载电压为 $+E$，负载电流增加；一旦触及了上包络线，开关器件 T_1 关断，T_2 导通，负载电压为 $-E$，负载电流减少，直到电流再次到达下包络线。

上下包络线之间的带宽越窄，负载电流越接近于给定电流，但是，开关次数越多，开关损耗越大。与产生可控电压的 PWM 不同，CR－PWM 的开关频率不固定，这给谐波抑制滤波器的设计带来了困难，不固定的开关频率是 CR－PWM 的一个缺点。

8.3.5　AC－DC－AC 变流器

在整流器和 DC－AC 变流器的基础上，本节介绍 AC－DC－AC 变流器。正如其名，这类变流器由两级构成。

使用二极管或晶闸管三相桥，把输入的交流电变换成直流电，然后使用三相 VSC 产生所需的三相交流电。为了完成以上变换，需要在两个变流器之间设置直流母线，还需要使用恰当的直流器件来滤除直流母线上的谐波，常用的直流器件是滤波电容和滤波电感。不管外接电路如何，AC－DC－AC 变流器都可以用图 8.14 来表示。

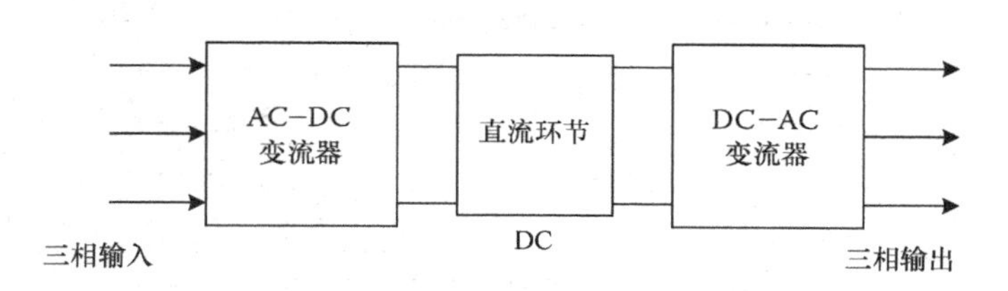

图 8.14　AC－DC－AC 变流器的结构图

尽管 AC－DC－AC 变流器的结构比较复杂，但是这类变流器具有很多优点。在很大程度上，使用中间直流环节，在三相输入与三相输出之间实现了隔离，使两者的动态和静态特性不相互产生影响。如果直流环节的抗干扰能力较强，两级变流器都具有设计方便、效率高和性能好的特点。特别需要指出的是，变流器的输出级（DC－AC 部分）可以使用前面介绍的 PWM 技术（见 8.3.3 节）来实现，也可以使用其他控制性能好、谐波小的控制技术来实现。

例 8.4　直接转矩控制的感应电机

下图为直接转矩控制的感应电机传动系统的结构图，变流器的结构为 AC－DC－AC 结构。变流器的输入级为三相二极管整流器，中间直流环节包括一个 LC 滤波器和一个制动电阻，输出变流器为一个三相 VSC 单元。VSC 单元可以实现能量的双向流动，在电机减速时，动能可由电机流动到变流器的直流母线。由于输入级是二极管三相桥，不能把能量传递到交流电源，因此动能就必须存储在直流母线的电感和电容中，可能导致电容两端的电压过高，对变流器造成破坏。为此，在母线上并联一个制动电阻，以避免过电压故障，当电压达到预设值时，开关器件导通，接通制动电阻，多余的能量通过制动电阻消耗掉。

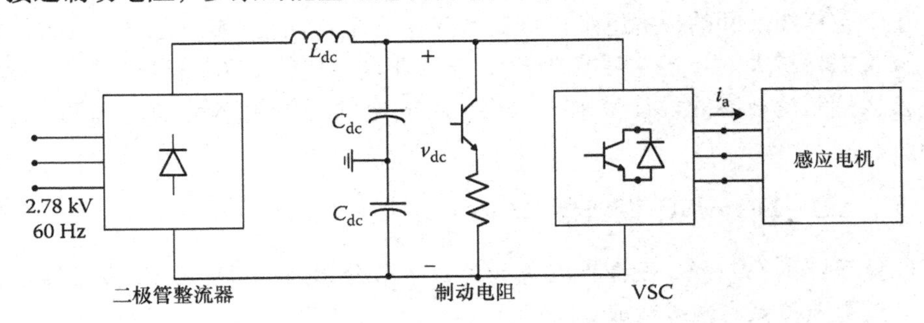

下图给出了系统的动态响应。初始时负载转矩为零，给定转速为 1620r/min，在 1.5s 时，负载转矩变为 0.7pu。

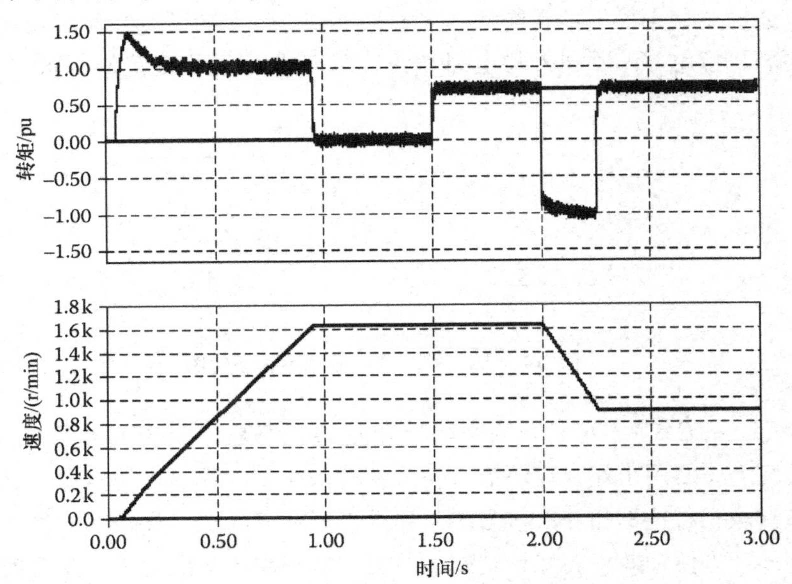

如图所示，在加速阶段，电机转矩为额定值，使电机转速加速到给定转速。当电机进入稳态，电机转矩与负载转矩相等。在转速下降阶段（2.0s 后），电机转矩为负的额定值，使电机转速以最快的速度下降。

由于电压的开关特性和由此产生的高频线电流，使得在电机的转矩中含有高频分量。下图给出了电机稳定时的线电流波形（2.5s 后），虽然电机的供电电压为脉冲序列（由 PWM 方法决定），但是，由于电机是感性负载，对电压中的高次谐波具有阻尼作用，使得电机电流的波形为带有少量高频纹波的正弦波。

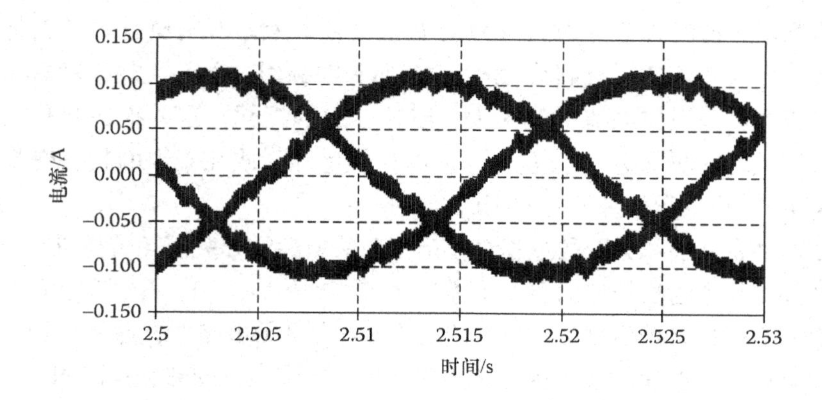

8.4　电力电子电路的实际问题

电力电子技术为现代高性能电机传动系统奠定了基础，在电机传动领域发挥了重要的作用，但是其本身也存在着许多问题。电力电子电路是非线性的，具有开关特性，这大大地增加了电力传动系统的复杂性，给系统的分析和设计带来了一定的困难，以至于在进行系统分析和设计时，需要借助于专用的工具和技术。先进的计算机技术已经被应用到了电力电子电路的建模、分析和仿真等过程中。

在实际应用中，电力电子电路也面临着许多问题，由 8.4.1 节到 8.4.3 节将对其中的一部分进行讨论。

8.4.1　转矩波动

如 8.3 节所述，电力电子变流器通过开关器件的高频通断，产生电机所需的电压和电流。在实际应用中，可以使用更加先进的开关策略，以减小谐波的数量，降低谐波对系统的影响，但是在电机的电流中还是带有少量的谐波，产生高频转矩波动。在例 8.4 中，可以清楚地看到这种转矩波动。电机的机械响应速度通常较慢，因此，不会对高频转矩波动产生明显的响应，也就是说，电机转速不会出现明显的波动。但是，转矩波动仍然是一个比较严重的问题，会对电机轴造成不利的影响，经过一定时间后，会引起电机轴的疲劳现象，还可能造成电机轴的永久损坏。因此，必须要尽量减小转矩的波动，常用方法包括对 PWM 技术进行改进、提高滤波效果、对控制系统进行恰当的整定等。

8.4.2　开关损耗

功率器件的开通和关断过程需要经过一段时间，不是瞬间完成的。在很短的开关时间内，器件承载的电压和电流会发生剧烈的变化。完全关断后，器件中流过的电流基本为零，而器件开通时，承载的电压也基本为零（与电路中的其他电压相比，基本可以忽略不计），因此，当器件开通和关断时，器件上的损耗非常小。而在开关过程中，电压或电流的值很大，出现较大的损耗，这种损耗被称为开关损耗。虽然开关时间非常短，但是，在1s内，发生几百或几千次的状态变换（由开关频率决定），也会累积成不容忽视的开关损耗。

功率器件在开通和关断的过程中，产生开关损耗，开关损耗转换成热能，会升高功率器件本身和附近器件的温度。增加功率器件的表面积，有利于和周围环境进行热交换（自然冷却或者强制空气循环）。在电力电子电路中，通常使用散热片来帮助器件散热。散热片能够在相对较小的体积内提供很大的热交换面积，尽可能多地带走功率器件产生的热量。

由以上的讨论可知，减少开关损耗有利于提高整个系统的效率，还使得电路可以使用更小、更轻的开关器件，同时减小散热片的体积，因此，减少开关损耗对电力电子电路具有重要的意义。

在设计电力电子电路时，要综合考虑效率和性能两个因素。通常开关频率越高，变流器的性能越好，但是，这样会增加系统的开关损耗，降低系统的效率。使用快速开关器件可以既提高系统的性能，又不会过多地增加系统的损耗，为进一步提高电力电子电路的开关频率提供了可能。由于快速开关器件的开关时间更短，开关损耗更小，因此，在开关频率不高的应用场合，使用快速开关器件有利于提高系统的效率。

8.4.3 噪声和电磁辐射

当电力电子电路运行在高开关频率下，会产生电磁辐射（Electro Magnetic Interference，EMI），并和其他设备（包括控制系统）互相干扰，还可能产生声学噪声，对在周围工作或居住的人产生损害。为了尽量减少这些副作用，同时符合相关应用标准的要求，必须就电力电子电路的EMI和噪声问题进行全面的分析。

8.5 结束语

目前，不乏关于电力电子技术的优秀书籍。在总体结构方面，文献［1］和文献［2］对电力电子技术进行了介绍，同时讨论了电力电子电路的分析、设计和应用等问题。在文献［1］中，还对可控和不可控整流器电路进行了深入的讨论。本章没有涉及DC－DC变流器，相关的内容可参考文献［1］和文献［2］。

文献［3］和文献［4］以电机传动为背景，对电力电子技术进行了介绍。文献［4］介绍了如何利用简化近似条件，对控制系统进行建模和设计。文献［5］

是关于电力电子技术的重要文献，该文献虽然不够全面（例如，关于各种整流电路），但是，该文献对变流器的分析、建模和设计等问题进行了精彩的介绍。

由于电力电子电路的非线性和复杂性，如果不利用计算机辅助工具和仿真工具，研究其运行过程是非常困难的。因此，希望读者能够熟练地应用有关研究工具，以便能够更加深入地掌握电力电子技术。

习　题

1. 考虑一个二极管三相桥，交流输入侧的频率为f，在一个交流电压的周期内，直流电压中包含有六个形状相同的脉波。假设整流桥的负载为RL负载，问当负载的时间常数满足什么条件时，可以把负载近似为恒流负载。

2. 考虑一个二极管三相桥，在交流侧增加滤波电感L_c，使线电流不能瞬时变化（见图8.3），加入滤波电感后，在线电流的变化过程中，出现了上升时间和下降时间（重叠期）。画出交流线电流的波形，并得到重叠期的表达式。

3. 对晶闸管三相桥，重复习题2的问题。

4. 两电平VSC使用PWM控制方法，负载为RL负载，载波频率和调制波频率的比为15，调制比$m=0.8$，负载电流的基波有效值为10A。

a. 调制比上升到0.95，求负载电流的基波有效值?

b. 和原始条件进行比较，在习题4a中，负载电流的谐波电流如何变化?

c. 对于$m=0.8$，载波比上升为21，求负载电流的基波有效值。

5. 建立正弦PWM的仿真模型，得到调制比分别为0.8、1.1和1.4时的输出电压波形。

a. 对得到的输出电压波形进行评述。

b. 获得更多的数据，绘制电压基波幅值随调制比的变化曲线（需要获得其他调制比下的数据）。

c. 利用习题5a中得到的电压波形，给RL负载供电，观察电流波形，根据观察结果，你能得到什么结论?

6. 平均技术在变流器领域有着广泛地应用，函数$x(t)$是周期为T的周期函数，定义该函数在一个周期内的平均值为

$$\langle x \rangle_T = \frac{1}{T}\int_T x(t)\,\mathrm{d}t$$

a. 证明在稳态条件下，电感电压的平均值等于零。

b. 证明在稳态条件下，电容电流的平均值等于零。

c. 对例8.4给出的变流器，假设处于稳态，求电容电压的平均值。可假设电容和电感的容量足够大。

7. 假设二极管三相桥的直流侧负载为恒流负载，请对交流线电流的谐波进行分析。需要采用什么类型的滤波器对这些谐波进行抑制?

8. 对三相二极管整流器进行仿真，整流器的负载为RL负载。改变电感量，找出电感量与直流电流纹波之间的关系?

参考文献

1. N. Mohan, T. M. Undeland, W. P. Robbins, *Power Electronics: Converters, Applications and Control*, New York, Wiley, 2003.
2. P. T. Krein, *Elements of Power Electronics*, New York, Oxford University Press, 1998.
3. B. K. Bose, *Modern Power Electronics and AC Drives*, Upper Saddle River, NJ, Prentice-Hall, 2002.
4. R. Krishnan, *Electric Motor Drives: Modeling, Analysis and Control*, Upper Saddle River, NJ, Prentice Hall, 2001.
5. J. G. Kassakian, M. F. Schlect, G. C. Verghese, *Principles of Power Electronics*, Reading, MA, Addison Wesley, 1991.

第9章　基于仿真技术的电机传动系统设计

9.1　引言

在第8章，介绍了一些电力电子电路，这些电力电子电路应用于电机传动系统中，给电机供电，受控制系统控制，处于整个系统的核心地位。

电力电子电路和控制系统的设计决定着传动系统能否正常运行，控制系统参数的整定决定着系统的性能。例如，在AC-DC-AC变流器中（例8.4），输出电压和电流的质量以及系统的动态性能都和直流储能元件的容量（串联电感和并联电容的大小）有关，同时，系统的动态性能也和选择的控制器参数有关。

元器件的选型、开关频率的确定和控制参数的整定是设计电机传动系统的重要内容。这些任务本身就不简单，变流器的开关特性与非线性、控制算法（其中包含一些非线性因素，例如饱和、死区）以及电机本身，又进一步增加了这些任务的难度。在设计过程中，设计者经常要在不同设计方案之间进行取舍。例如，增加电感和电容的容量，有利于降低纹波，提高电压和电流波形的质量，减小转矩的波动和谐波分量，但是，会增加系统的成本、体积和重量，使系统的动态响应变慢。再例如，提高开关频率，可以改善电流的波形，但是会增加开关损耗。因此，在设计过程中，对各种性能进行综合考虑是非常重要的。

在第8章的习题部分，给出了一些在设计过程中权衡各种性能的实例。在实际设计中，可以使用基于平均模型的简化方法，进行元器件的选型。这些平均模型既可以用于控制器的设计，也可以采用试凑法完成控制器的设计。由此可见，可以在简化假设的基础上使用电路分析技术，对系统进行设计，当然也可以利用仿真实验来比较和确定系统参数。

虽然，这些方法已经被成功地应用于系统的设计和整定中，但是，在这些方法中，都不把系统作为一个整体进行考虑，通常孤立地考虑系统的各个单元和设计问题，例如在电力电子电路的设计中，几乎不考虑控制器参数的整定问题。

在简化方法的应用过程中，需要解决系统的扩展问题，特别是当传动系统作为大系统的一部分时，就会出现扩展问题。例如，在一个大系统中，包含有多个传动系统，或者一个传动系统与其他类型的变流器之间存在着紧密的电气关联，这时就不能以孤立的方式对各个子系统之间的相互作用进行分析了。比如，在混合动力汽车或在风力发电系统中，就需要同时对多个电机进行快速地控制。在工业用电系统中，多台电机同时运行，有些电机采用变流器驱动，有些电机采用普通的供电方式，在各个子系统之间，存在着紧密的相互作用，这无疑增加了整体系统的复杂性。

本章介绍另外一种传动系统的设计方法。在该方法中，不是利用以往的简化模型，而是利用高准确度的计算机仿真模型，对系统进行参数设计。在设计过程中，不需要使用传统的设计方法，而是使用优化算法，设计工作在很大程度上实现了自动化。下面对这种优化设计方法进行介绍。

9.2 基于仿真技术的优化设计方法

图 9.1 给出了优化设计方法的流程图，在图 9.1 中包含传动系统的仿真模型和优化算法两部分。优化算法的作用是设计、规划和评估一系列的仿真实验，该方法的总体思想类似于基于仿真的试凑法。两者之间的差别在于，在试凑法中，由设计者利用自己的经验进行参数选择，而在优化设计方法中，利用优化算法对参数进行选择。两种方法的目标都是找到使整个系统满足性能指标要求的一组合适的参数 $\boldsymbol{x}$，例如控制器的各种增益或元器件参数。在优化设计方法中，需要在一组试验参数下，利用仿真模型对传动系统进行仿真，然后评估系统的性能是否或在多大程度上满足性能指标，故评估步骤非常重要，必须认真对待。

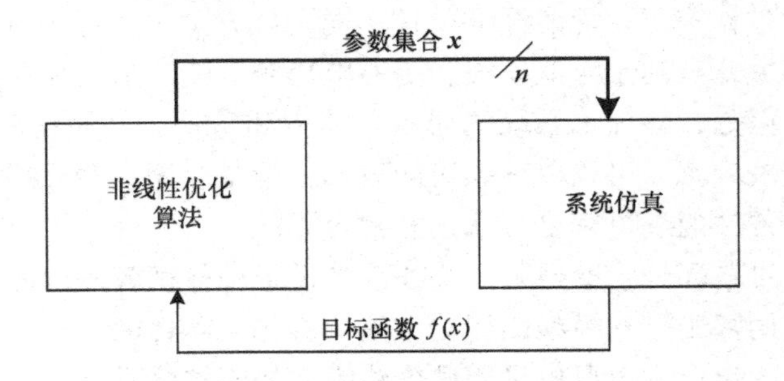

图 9.1 基于仿真技术的优化设计方法

利用优化算法代替人工观察，大大地简化了设计过程。优化算法自动地确定在下一次仿真中使用的参数（在图 9.1 中用具有 n 个参数的 $\boldsymbol{x}$ 表示）。一个优良的优化算法，类似于经验丰富的设计者，通过对上一次的仿真结果进行评价，来确定下次仿真所使用的参数。因此，基于仿真的优化算法是智能的、计算机驱动的试错法，其优势来自于在搜索合适参数的过程中，算法的最优化性质。

使用一组参数进行系统仿真后，需要定义一个明确的、可量化的数字指标，用来评估这组参数的仿真结果与设计目标的一致性。例如，可以定义一个数字指标，来度量闭环控制系统跟踪给定值的紧密程度，也可以定义一个度量电机转矩波动的数字指标。在图 9.1 中，数字指标体现为目标函数 $f(\boldsymbol{x})$，目标函数是综合多个设计指标的表达式，可以利用仿真结果计算出目标函数的值。可见，在优化设计方法中，利用计算机仿真和目标函数，替代了以数学模型分析为核心的传统设计方法。

9.2.1 目标函数的设计

在优化设计方法中，目标函数$f(\boldsymbol{x})$占有重要的地位。当设计者使用试错法时，通过仿真结果，利用专业知识和工程直觉，对一组仿真参数进行评估。然而，在优化设计方法中，评估过程被计算机自动地执行。在针对一组参数的仿真结束后，使用仿真结果，自动计算出目标函数值。

优化算法的目的是使目标函数的值最小化（或最大化）。不失一般性，考虑最小化的情况，那么图 9.1 所示的优化算法的任务就是找到一组参数$\boldsymbol{x}$，在这组参数下，目标函数的值最小。由于目标函数能够度量仿真结果和设计目标的符合程度，因此，可以设计目标函数，使其最小值对应于完全满足设计目标。例如，控制系统的设计目标是输出$y(t)$跟随给定$y_{\text{ref}}(t)$，则可以采用以下的目标函数：

$$f(\boldsymbol{x}) = \int_0^T [y(t) - y_{\text{ref}}(t)]^2 \mathrm{d}t \tag{9.1}$$

式中，T为仿真的时长。在理想的情况下，当输出与给定完全重合，目标函数的值为 0 时，是全局最小值，即使不能实现最理想的情况，目标函数最小化也能够实现输出与给定之间的最优匹配。优化算法的任务就是确定使目标函数最小的参数x值。

确定一个目标函数，能够全面地、合理地体现多个控制目标，需要设计者具有一定的经验，有时还需要经过几轮反复地调整。目标函数一旦确定，则可以开始进行优化设计了。

9.2.2 非线性优化算法的必要条件

不同形式的优化算法适用于解决不同类型的优化问题。例如，一些优化算法仅适用于线性目标函数，也就是$f(\boldsymbol{x})$是$\boldsymbol{x}$的线性组合。总的来说，传动系统的设计属于非线性问题，故在优化设计方法中，要使用非线性优化算法。更进一步地说，由于非线性系统的复杂性，不可能把目标函数构造成$\boldsymbol{x}$的显式表达式，因此，选择优化算法时，不能强求目标函数是$\boldsymbol{x}$的显式表达式。

幸运的是，一大类优化算法可以解决此类问题，只需要知道目标函数的值，即可完成优化任务。而在电机传动系统的优化设计中，可以利用仿真结果得到目标函数的值。在本章的参考文献中，为感兴趣的读者列出了相关材料。

在本章的剩余部分，给出了三个实例，说明了如何对电机传动系统进行优化设计。利用第一个例子，介绍了优化设计的总体概念和优点。在第二个例子中，介绍了如何对多个互相矛盾的控制目标进行优化设计。在第三个例子中，讨论了存在多个最优解的优化设计问题。

9.3　电机传动系统的优化设计实例

9.3.1　间接矢量控制系统的优化设计

在本实例中，对采用间接矢量控制的电机传动系统进行设计，三相电机的参数如下：

2300V，500hp，四极，60Hz

$r_s = 0.262\Omega$，$r_r = 0.187\Omega$，$X_{ls} = 1.206\Omega$，$X_{lr} = 1.206\Omega$，$X_M = 54.02\Omega$

利用三相 AC – DC – AC 变流器给电机供电，变流器中包含二极管整流器和 VSC 逆变器，用三相电源供电。采用图 6.4 所示的方法，对定子电流进行控制，外环的速度控制器产生给定转矩，图 9.2 给出了系统的结构框图。

需要达到以下 4 个设计目标：

1. 实际速度和给定速度之间的跟踪误差最小。
2. 转矩波动最小。
3. 减小直流环节电容电压的纹波。
4. 用小容量的储能元件实现以上功能。

当然，也可以在以上目标中，增加其他控制目标，例如：使交流侧输入线电流的谐波最小。然而，本例的目的是，对基于仿真技术的优化设计过程进行说明，读者可以看到通过优化设计，以上控制目标是能够满足的。

下面确定需要设计的参数。在传动系统中，有三个控制器，分别对速度和 q、d 轴电压进行控制，都选择使用 PI 调节器。PI 调节器具有如下的传递函数。

$$H(s) = K + \frac{1}{Ts} \tag{9.2}$$

式中，K 为比例增益；T 为积分时间常数。三个 PI 控制器的增益和时间常数，就是实现控制目标的自由度。直流电感和电容也影响传动系统的动态性能和稳态性能，所以两个元件的容量，也是需要通过优化确定的参数。因此，在优化设计中，需要确定八个参数。

下面构造目标函数，用单目标函数来分别量化四个控制目标，并且要求能够利用仿真数据，计算出单目标函数的值。根据四个控制目标，可以构造以下形式的总目标函数

$$f(\boldsymbol{x}) = k_1 f_1(\boldsymbol{x}) + k_2 f_2(\boldsymbol{x}) + k_3 f_3(\boldsymbol{x}) + k_4 f_4(\boldsymbol{x}) \tag{9.3}$$

式中，$f_1(\boldsymbol{x})$ 到 $f_4(\boldsymbol{x})$ 是四个单目标函数，分别对应于四个控制目标，$\boldsymbol{x} = [K_q, T_q, K_d, T_d, K_\omega, T_\omega, L_{dc}, C_{dc}]$ 为参数向量；下标 q、d、ω 分别表示 q 轴参数、d 轴参数和速度调节器参数；系数 k_1 到 k_4 分别为在总目标函数 $f(\boldsymbol{x})$ 中，四个单目标函数的权重系数，权重系数决定了单目标函数对总目标函数的重要性。

有几种方法，可以将以文字形式给出的控制目标，转换为数学函数的形式。在本例中，使用如下的数学表达式。来分别表示四个控制目标。

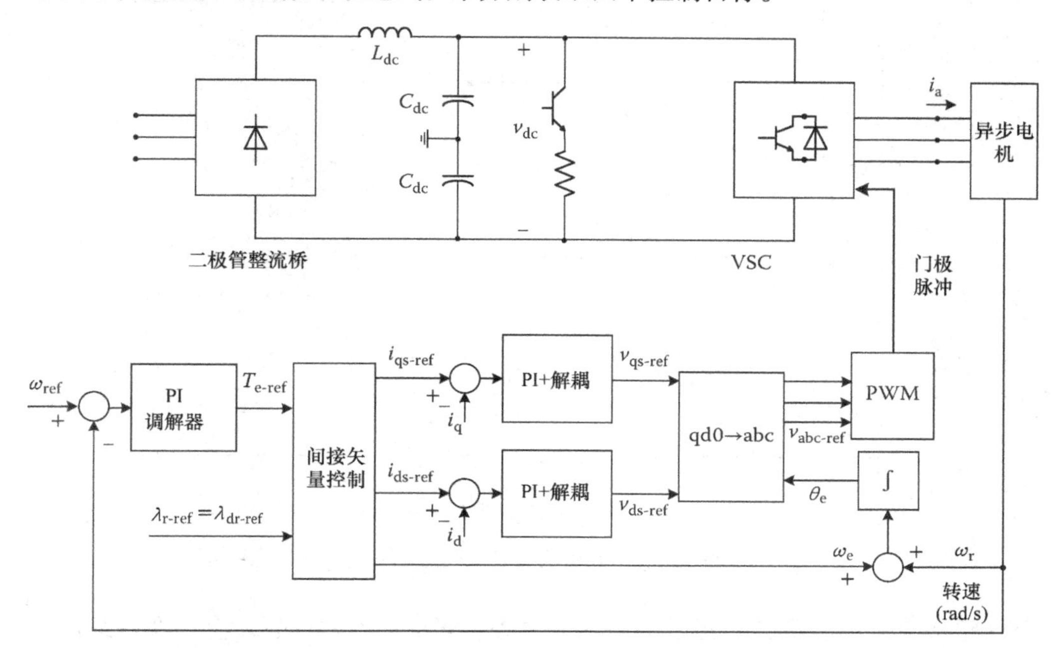

图 9.2　用 AC－DC－AC 变流器供电的间接矢量控制感应电机传动系统结构图

$$f_1(\boldsymbol{x}) = a_1 \int_{\text{稳态}} [\omega_{ref}(t) - \omega(t)]^2 dt + a_2 \int_{\text{瞬态}} [\omega_{ref}(t) - \omega(t)]^2 dt$$

$$f_2(\boldsymbol{x}) = \int_{\text{稳态}} T_{e-ripple}^2 dt$$

$$f_3(\boldsymbol{x}) = \int_{\text{稳态}} v_{dc-ripple}^2 dt$$

$$f_4(\boldsymbol{x}) = a_3 C_{dc} + a_4 L_{dc} \tag{9.4}$$

其中，系数 $a_1 \sim a_4$ 为权重系数。

每个单目标函数都对应着关于系统响应的不同测量值。对于单目标函数，使之最小化，就可以满足对应的控制目标。例如，如果 f_3 达到最小值，则意味着所选择的参数向量 $\boldsymbol{x}$ 可以使直流母线电压的纹波最小。用单目标函数合成一个总目标函数［如方程（9.3）］后，对应的最优参数向量 $\boldsymbol{x}$ 可以使加权后的总目标最优。

在给定参数 $\boldsymbol{x}$ 下，为了检验系统的性能，在仿真中，设置了各种动态变化，给定转速和负载转矩的变化情况如图 9.3 所示。

利用这些变化，能够使系统对较大范围的给定和扰动做出响应。经过仿真，得到系统的响应，利用仿真结果，可以计算出目标函数 $f_1(\boldsymbol{x})$ 到 $f_4(\boldsymbol{x})$ 的值，然后，对这些值进行加权，得到总目标函数 $f(\boldsymbol{x})$ 的值。优化算法根据 $f(\boldsymbol{x})$ 的值，确定在

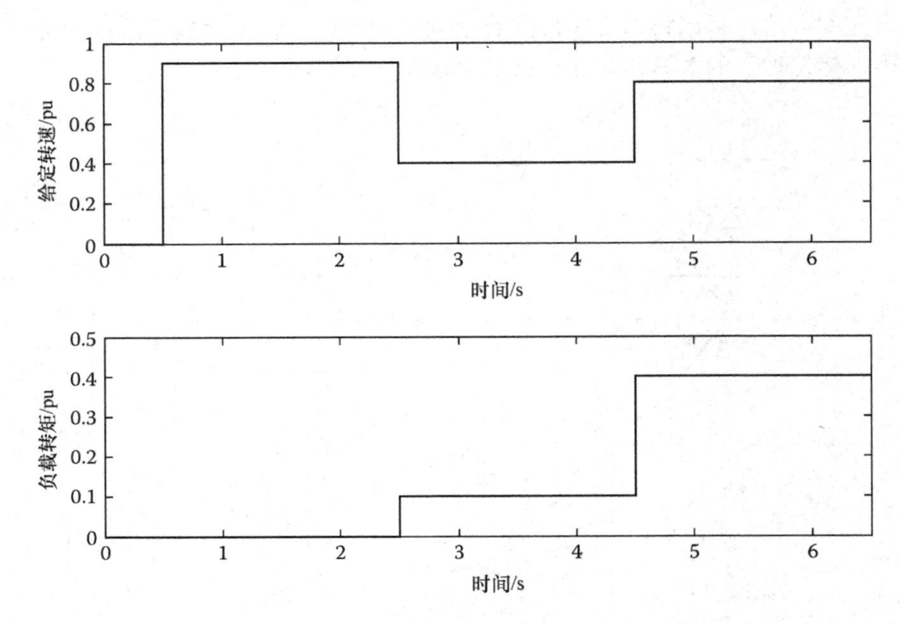

图 9.3 给定转速和负载转矩的变化

下一组参数下 $f(\boldsymbol{x})$ 的值。经过一系列的仿真、评估和参数修正，直到获得最优参数。在最优参数下，总目标函数具有最小的值。在表 9.1 中，给出了单目标函数和总目标函数中的系数值，这些系数值是经过几次试错后确定的。修改各个系数，可以对单目标函数中的各项的比重进行调整，也可以调整单目标函数在总目标函数中的比重。

表 9.1 方程（9.3）和（9.4）中的系数值

a_1	100
a_2	0.01
a_3	0.0002
a_4	500
k_1	250
k_2	2000
k_3	1500
k_4	1

图 9.4～图 9.6 给出了优化前和优化后系统的动态响应，经过优化，系统的响应在以下三个方面得到了改进。

1. 如图 9.4 所示，经过优化，有效地降低了电机转矩的纹波，这有利于降低电机轴上的机械应力。在减速时（2.5s 后），转矩（绝对值）有所增加，可以看

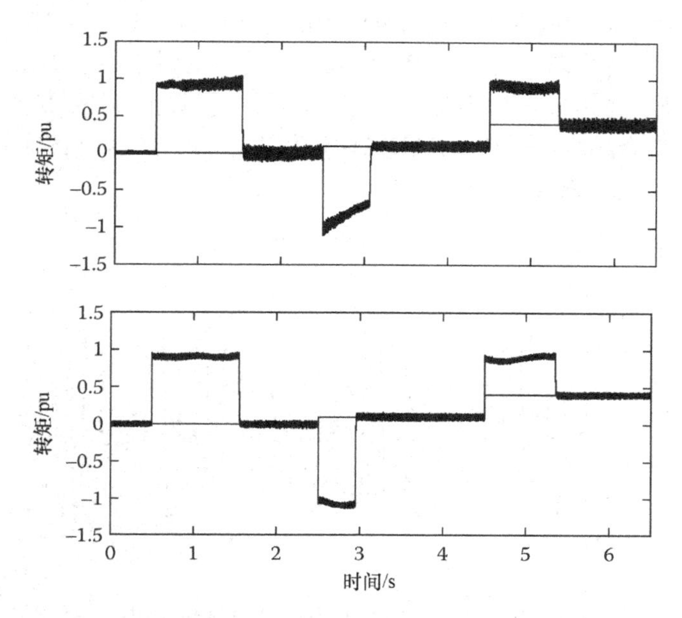

图 9.4　电机转矩在优化前（上）和优化后（下）的动态响应

出，在减速阶段转矩保持在 -1pu。

2. 总的来讲，在优化前后，电机转速都能够实现对给定转速的跟踪（见图 9.5），经过优化后，在减速阶段，能够产生更大的减速转矩，系统的动态响应更快。

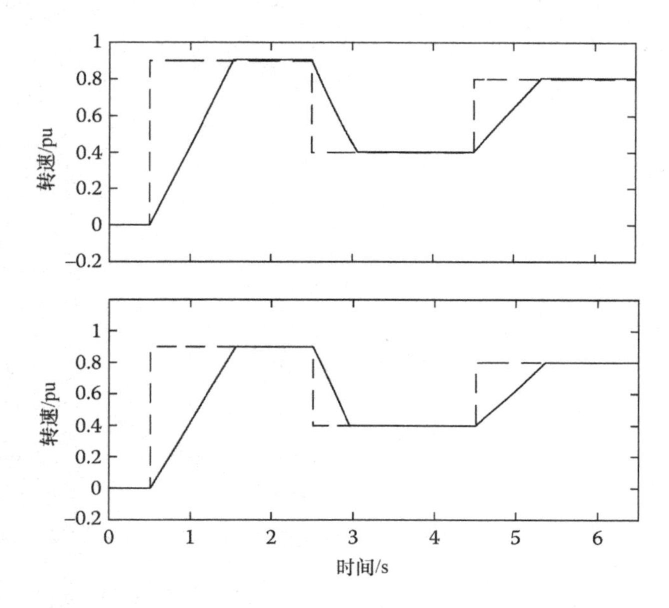

图 9.5　转速在优化前（上）和优化后（下）的动态响应

3. 经过优化，显著地降低了直流母线上的电压纹波（见图9.6）。

表9.2给出了优化前和优化后的控制器参数值，同时给出了优化前后的目标函数值。经过优化，总目标函数值显著减小，单目标函数f_1到f_3的值也有所减小，但f_4的值却增加了，其原因在于：在优化过程中，为了降低总目标函数，对单目标函数f_1、f_2、f_3、f_4进行了加权平均。

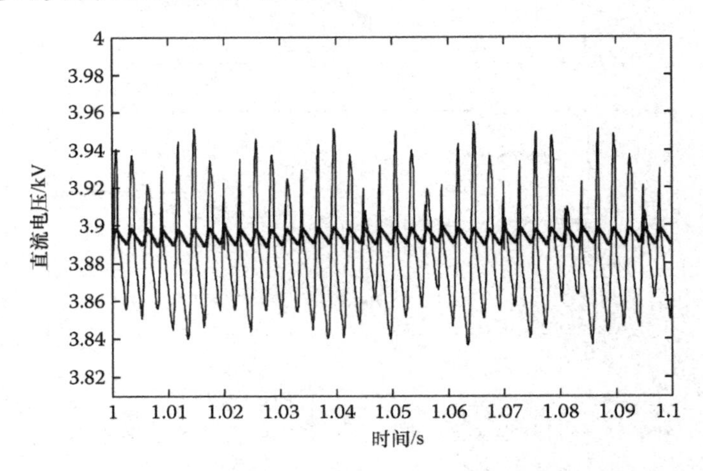

图9.6　在优化前（细线）和优化后（粗线），直流母线电压的动态响应

表9.2　优化结果

	初始值	优化后的值
参数		
K_q	30	6.93
T_q	0.5	1.28
K_d	30	264.7
T_d	0.5	0.68
K^{ω}	200	280.8
T^{ω}	0.5	1.96
L_{dc}	1mH	0.5mH
C_{dc}	500μF	4269μF
目标函数值		
f_1	0.00043	0.000038
f_2	0.0091	0.0059
f_3	0.04155	0.00048
f_4	0.6	1.105
f	189.72	23.25

9.3.2　多目标优化

在设计电机传动系统时，经常追求多个控制目标。在上例中，有四个控制目标，把这四个控制目标，综合成了一个总目标函数。但是，在许多时候，在把多个控制目标综合成一个总目标函数时，会出现矛盾，如果试图提高一个性能指标，可能会使另外一个性能指标下降。如果想把互相矛盾的控制目标整合成一个总目标函数，则需要在各个目标之间进行平衡。在本节的例子中，就说明了如何进行这种平衡。考虑一个 AC－DC－AC 变流器，输入级（整流器）为晶闸管三相桥，直流环节包含一个串联电感和一个并联电容，输出级为 VSC，如图 9.7 所示。用该变流器驱动感应电动机，感应电动机采用转差频率控制。根据给定转矩，利用整流器调节直流母线电压，VSC 的调制比不变，通过调节 VSC 改变输出电压的频率，使转差频率为给定值。

需要达到的设计目标如下：

1. 保证系统具有快速而光滑的转矩瞬态响应。

2. 在稳态时，确保具有较小的直流母线电压纹波和电流纹波。

为了实现控制目标，需要通过仿真确定参数，需要优化的参数包括控制系统的参数、电感的大小和电容的大小，采用如下总目标函数：

$$f(\boldsymbol{x}) = kf_{ss}(\boldsymbol{x}) + (1-k)f_{tr}(\boldsymbol{x}) \tag{9.5}$$

式中，f_{ss}和f_{tr}分别表示稳态和瞬态目标函数。权重系数 $k \in [0, 1]$，用来确定两个单目标函数在总目标函数中的相对权重。参数向量 $\boldsymbol{x}$ 包括控制器参数和直流母线元件值。

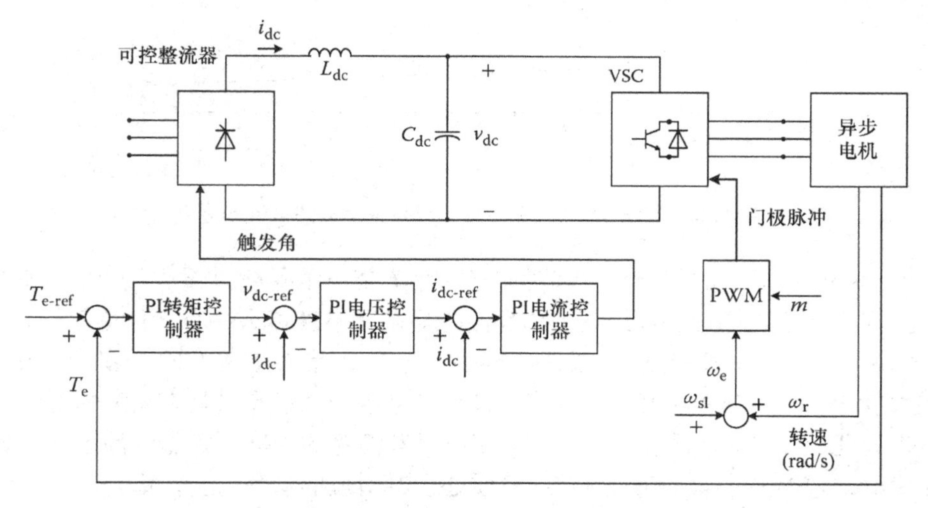

图 9.7　由 AC－DC－AC 变流器驱动的转差频率控制的感应电机

首先，两个控制目标之间存在着一定的矛盾。通过增加中间直流环节储能元件的容量，可以使直流电压和电流的纹波最小。但是，大容量储能元件会使动态响应速度变慢，导致系统的动态性能恶化。因此，提高一种控制性能会导致另一种控制性能的下降。

其次，权重系数 k 直接决定着两个控制目标对总目标的影响程度，如果 k 接近于1，则总目标函数主要由 f_{ss} 决定；如果 k 接近于0，则总目标函数主要由 f_{tr} 决定。对 f_{ss} 进行优化，可以获得良好的稳态性能，但是会降低动态性能；反之，对 f_{tr} 进行优化，可以获得良好的动态性能，但是会降低稳态性能。恰当的选择权重系数，兼顾稳态和动态性能，是非常重要的。

定义两个分别对应于稳态和动态的单目标函数，取不同的权重系数 $k \in [0, 1]$，对应每一个权重系数，都进行一次优化设计，记录每次优化完成时 f_{ss} 和 f_{tr} 的值，如图 9.8 所示，其中的曲线被称为 Pareto 边界。

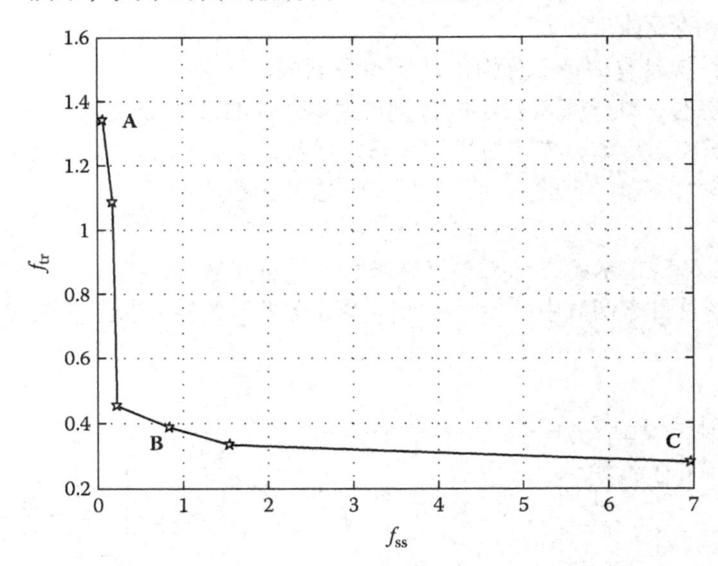

图 9.8 方程（9.5）中的两个单目标函数的 Pareto 边界

在 Pareto 边界上的每个点，都对应于一个 k 值下的优化结果，具有以下性质：在每一点处，不可能进一步提高一个性能指标，而不破坏另一个性能指标。在 Pareto 边界上，有两个极端点，分别是 A 点和 C 点。A 点对应于 $k=1$，仅最小化 f_{ss}；C 点对应于 $k=0$，仅最小化 f_{tr}。A 点对应的参数组，在稳态时具有满意的性能，动态性能恶化；C 点对应的参数组，在动态时具有满意的性能，稳态性能恶化。B 点位于 Pareto 边界的中间，兼顾了稳态和瞬态，其对应的参数组，在稳态和瞬态都具有较好的性能。

由图 9.9 ~ 图 9.11，分别给出了传动系统在 A、B、C 三点处的动态响应，其中的响应波形，验证了以上的分析结果。

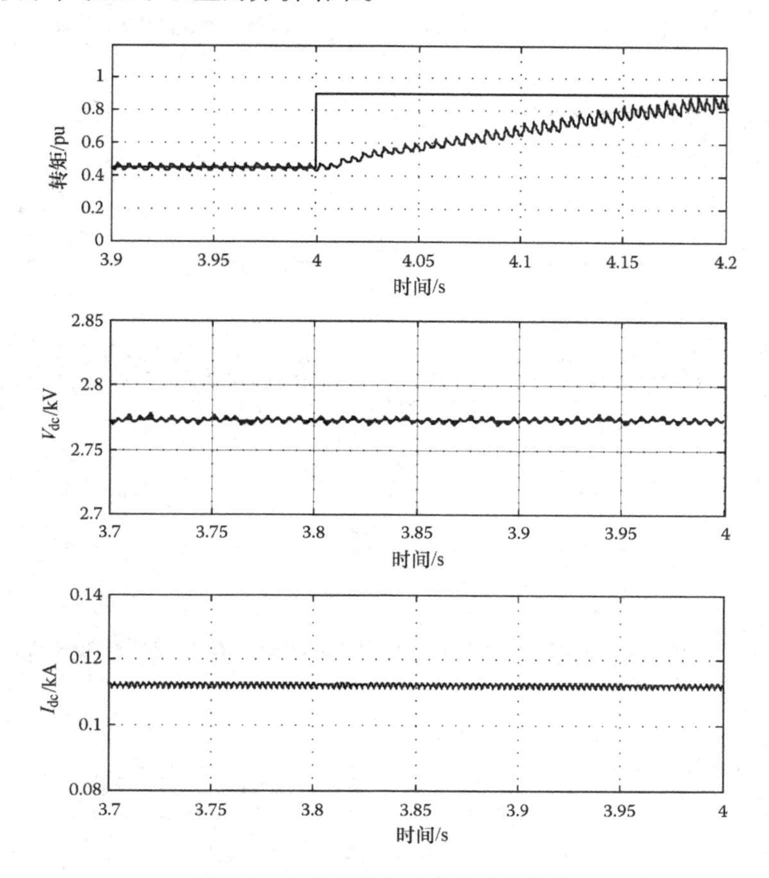

图 9.9　A 点参数组对应的响应曲线

利用 Pareto 边界进行分析的优点是，设计者可以定量地评估互相矛盾的单目标函数在总目标函数中的兼容情况。在本例中，并非认为 B 点参数组一定比 A 点参数组或 C 点参数组好。通过本例只想强调，设计结果与总目标函数中的各个单目标函数的具体组织形式有关。

9.3.3　多最优解

大部分非线性最优化方法都存在着局部最优现象，也就是算法只能找到一个局部的最优解。非线性目标函数可能具有多个最优解，不同的最优解在不同的程度上满足设计目标，通常称这种现象为多模态。电机传动系统的优化设计也存在着多模态问题，经常得到多个最优参数组。

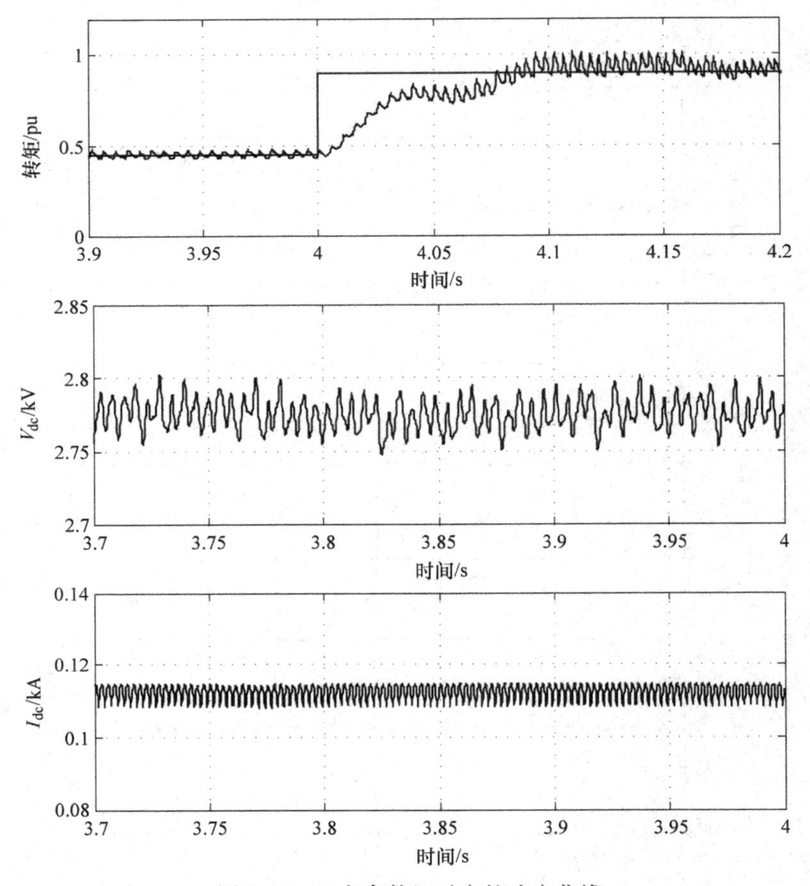

图 9.10　B 点参数组对应的响应曲线

下面首先了解一下多模态的含义。在多个局部最优解中，自然期望其中一个最优解具有最好的性能，这个解就是全局最优解，全局最优解是我们感兴趣的，是问题最好的解。因此，一大类优化算法以得到多模态目标函数的全局最优解为目的。要得到全局最优解，需要在整个参数空间内进行搜索，因此，得到全局最优解比得到局部最优解困难得多。

对于一个目标函数，尽管全局最优解是最好的解，但是，局部最优解也有自己的优势。例如，对于一个电机传动系统，如果全局最优解对参数的变化非常敏感，那么即使在实际参数与最优参数之间存在着很小的误差，系统的实际性能也会显著地下降。由于温度、老化、运行工况等原因，实际系统的参数都是不准确的。我们不希望微小的参数误差就会导致系统性能严重地下降。

另外一个选择局部最优解的原因是，全局最优解对应的参数值，有时是不能实现的、过于昂贵的，或者由于其他原因是不能被选择的。如果一个局部最优解对应的参数在实现过程中具有合适的成本，而全局最优解对应的参数实现起来成本过

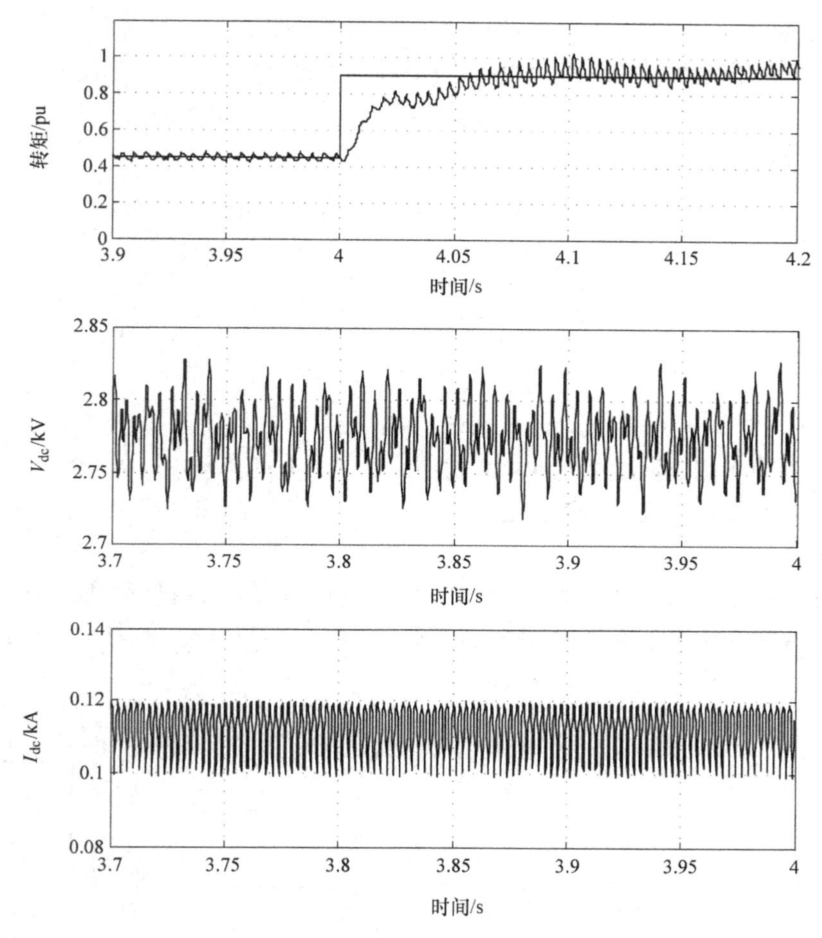

图 9.11　C 点参数组对应的响应曲线

高，则局部最优的性价比可能就会高于全局最优解，这样就倾向于选择局部最优解。

由于这些原因，目前已经研发出了能够搜寻多个局部最优解的算法，被应用在了基于仿真的优化设计中。在本节给出的例子中，就是利用这种算法对感应电动机矢量控制系统进行了优化设计。

在本例中，考虑一个间接矢量控制的感应电动机传动系统，VSC 作为一个可控电流源（使用第 8 章介绍的 CR－PWM 技术），产生 d 轴和 q 轴定子电流，系统的框图如图 9.12 所示。

需要达到的四个设计目标如下：

1. 使给定速度与实际速度之间的误差尽可能小；
2. 使转矩纹波最小；
3. 抑制变流器输入侧交流电流的纹波；

4. 在达到以上要求的同时，使用尽量小的储能元件。

综合以上设计目标的总目标函数，具有如下的表达式：

$$f(\boldsymbol{x}) = k_1 f_1(\boldsymbol{x}) + k_2 f_2(\boldsymbol{x}) + k_3 f_3(\boldsymbol{x}) + k_4 f_4(\boldsymbol{x}) \tag{9.6}$$

式中，各个单目标函数为

$$\begin{aligned}
f_1(\boldsymbol{x}) &= \int [\omega_{\text{ref}}(t) - \omega(t)]^2 \mathrm{d}t \\
f_2(\boldsymbol{x}) &= \int_{\text{稳态}} T_{\text{e-ripple}}^2 \mathrm{d}t \\
f_3(\boldsymbol{x}) &= \int_{\text{稳态}} \sum_h I_h^2 \mathrm{d}t \\
f_4(\boldsymbol{x}) &= a_1 C_{\text{dc}} + a_2 I_{\text{dc}}
\end{aligned} \tag{9.7}$$

式中，I_h 为输入侧交流线电流的第 h 次谐波。在参数向量 $\boldsymbol{x}$ 中，包含速度调节器的增益和时间常数、直流电感值和电容值。在表 9.3 中，给出了在构建总目标函时所用的权重系数。

使用传动系统的仿真模型，利用方程（9.6）给出的总目标函数，进行优化设计。优化算法采用多模态优化算法，得到了五个局部最优解，如表 9.4 所示。

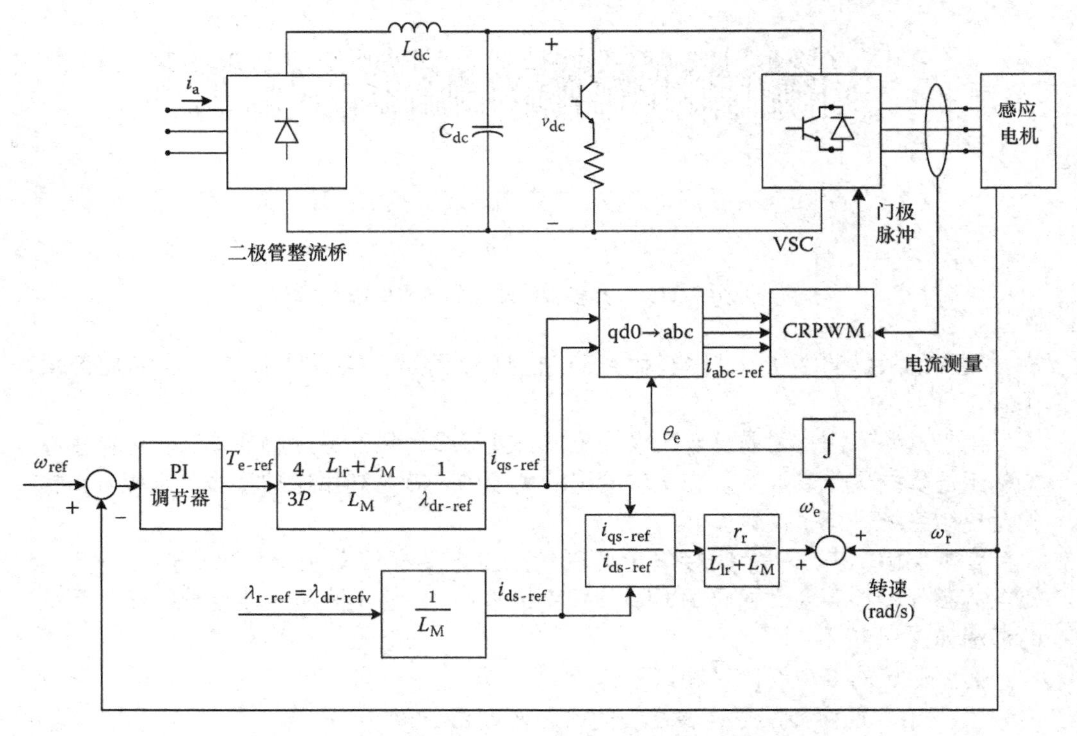

图 9.12 感应电机间接矢量控制系统框图

表9.3 在目标函数方程（9.6）和（9.7）中所用系数

k_1	100
k_2	20，000
k_3	70，000
k_4	1
a_1	0.001
a_2	0.1

表9.4 总目标函数方程（9.6）的局部最优解

	K_ω	T_ω	L_{dc}（mH）	C_{dc}（μF）	单目标函数				
					f_1	f_2	f_3	f_4	f
1	22.93	0.46	25.4	1920.6	15.67	10.45	3.28	3.19	32.6
2	25.62	0.69	12.4	1519.0	15.30	10.59	4.02	2.14	32.06
3	31.67	0.27	25.6	1321.8	15.55	10.55	3.69	2.60	32.39
4	37.23	0.19	34.4	1707.2	15.66	10.7	3.76	3.43	33.55
5	41.06	0.46	18.4	1379.6	15.04	10.62	3.67	2.30	31.63

对表9.4给出的局部最优解进行研究，可以发现一些有趣的现象。例如：对于局部最优解5，总目标函数的值最小（31.63），为全局最优解。而从元件成本的角度来看，局部最优解2的成本最小，f_4 的值为2.14，电容值和电感值最小，但 f_3 的值为4.02，交流线电流的谐波最大。还可以对这些解进行其他方面的评估，以便在实现过程中取得最佳效果。

另外，也可以对这些解进行参数敏感性方面的分析，在此不再展开讨论。在本章的参考文献部分，列出了与多模态目标函数敏感性评估有关的文献。

9.4 结束语

基于仿真的优化设计方法，是一个激动人心的研究领域，在电气工程、机械工程和工业工程等领域都具有广泛的应用前景。这种技术已经被应用到了集成电路的设计中，最近几年，也被用来进行大功率电力电子电路的设计。在文献［1－3］中，介绍了这种优化设计方法的一些实际应用情况。

如果要全面地了解最优化方法，文献［4］是非常好的参考。在文献［5］和文献［6］中，介绍了基于仿真的多模态最优化方法，讨论了该算法的敏感性和计算问题，并给出了实例。

本章所用的感应电机参数，取自于文献［7］，获得了Johe Wiley & Sons Inc的授权。

参考文献

1. G. D. Hachtel, R. K. Brayton, F. G. Gustavson, "The sparse tableau approach to network analysis and design," *IEEE Transactions on Circuit Theory*, vol. CT-18, pp. 101–113, January 1971.
2. A. M. Gole, S. Filizadeh, R. W. Menzies, P. L. Wilson, "Optimization-enabled electromagnetic transient simulation," *IEEE Transactions on Power Delivery*, vol. 20, pp. 512–518, January 2005.
3. L. Xianzhang, E. Lerch, D. Povh, B. Kulicke, "Optimization—a new tool in a simulation program system for power networks," *IEEE Transaction on Power Systems*, vol. 12, no. 2, pp. 598–604, May 1997.
4. G. V. Reklaitis, A. Ravindran, K. M. Ragsdell, *Engineering Optimization, Methods and Applications*, sixth edition, New York, John Wiley and Sons, 2006.
5. K. Kobravi, S. Filizadeh, "An adaptive multi-modal optimization algorithm for simulation-based design of power electronic circuits," *Engineering Optimization*, vol. 41, no. 10, pp. 945–969, October 2009.
6. F. Yahyaie, S. Filizadeh, "A surrogate-model based multi-modal optimization algorithm," *Engineering Optimization*, vol. 43, no. 7, pp. 779–799, July 2011.
7. P. C. Krause, O. Wasynczuk, S. D. Sudhoff, *Analysis of Electric Machinery and Drive Systems*, second edition, New York, Wiley Interscience, 2002.

附录A：动态系统的数字仿真

A.1 引言

在这本书中，用微分方程来描述电机的动态特性，通过求解这些微分方程，可以得到电机的响应。即使已知电机动态方程的具体表达式，获得其解析解也是一件困难的事情，另外，变流器的非线性和开关特性进一步增加了问题的复杂性。

幸运的是，可以利用数字积分技术对电机的微分方程进行求解。数字解具有简单易行的优点，可以方便地用计算机进行求解。在附录A，将讨论非线性动态微分方程的数字求解问题，有许多数字积分方法，可以用于此目的。本书不对这些方法进行详细的研究，仅介绍一些简单的数字仿真技术，在本附录的参考文献中，对这些方法进行了更加深入地探讨。

A.2 动态系统的状态空间表示法

可以用一阶微分方程组来表示非线性动态系统，其中的微分方程描述了状态变量随时间的变化情况。如果确定了状态变量的初始值和输入变量的值，就成唯一的确定系统随时间的演化过程。对于电路系统，可以把电感电流、电容电压作为状态变量；对于电机，可以选择绕组磁链、转子位置和转速作为状态变量。

和状态变量的选择无关，非线性动态系统都可以表示成如下的状态空间形式：

$$\begin{aligned}\dot{\boldsymbol{x}}(t) &= \boldsymbol{f}(\boldsymbol{x}(t),\ \boldsymbol{u}(t),\ t)\\ \boldsymbol{y}(t) &= \boldsymbol{g}(\boldsymbol{x}(t),\ \boldsymbol{u}(t),t)\end{aligned} \tag{A.1}$$

式中，$\boldsymbol{x}$、$\boldsymbol{u}$、$\boldsymbol{y}$ 分别为状态变量、输入变量和输出变量；$\boldsymbol{f}$ 和 $\boldsymbol{g}$ 是非线性函数，可以是时变函数。

如果动态系统为线性时不变系统，以上方程可以简化为如下形式：

$$\begin{aligned}\dot{\boldsymbol{x}}(t) &= \mathbf{A}\boldsymbol{x}(t) + \mathbf{B}\boldsymbol{u}(t)\\ \boldsymbol{y}(t) &= \mathbf{C}\boldsymbol{x}(t) + \mathbf{D}\boldsymbol{u}(t)\end{aligned} \tag{A.2}$$

式中，**A**、**B**、**C**、**D** 为常数矩阵。

当系统的状态变量和输入变量确定后，通过代数运算就可以得到系统的输出，因此，在本附录的其余部分，只关注如何求解方程（A.1）和（A.2）中的第一个方程。

A.3 Euler 数字积分法

假设已知 $t=t_0$ 时刻的状态变量的值，且输入 $\boldsymbol{u}(t)$ 也是已知的，数字积分法的目的是，在各个采样时刻，得到状态变量具有足够准确度的解。因此，必须确定采样步长 Δt，实际上，各个采样时刻的值是对真实状态变量的估计。在 Euler 方法中，对于方程（A.1）给出的非线性微分方程组，采用如下步骤，获得状态变量在 $t+\Delta t$ 时刻的值。

$$\boldsymbol{x}(t+\Delta t)\approx\boldsymbol{x}(t)+\dot{\boldsymbol{x}}(t)\Delta t=\boldsymbol{x}(t)+\boldsymbol{f}(\boldsymbol{x}(t),\boldsymbol{u}(t))\Delta t \tag{A.3}$$

注意：Euler 方法的前提条件是，假设在 $t\sim t+\Delta t$，状态变量是按线性变化的。在实际中，这个前提条件不一定正确，但是如果时间步长足够小，利用该方法，则可以得到充分精确的解。

对于线性微分方程组［方程（A.2）］，Euler 方法具有如下的形式：

$$\begin{aligned}\boldsymbol{x}(t+\Delta t)&\approx\boldsymbol{x}(t)+(\mathbf{A}\boldsymbol{x}(t)+\mathbf{B}\boldsymbol{u}(t))\Delta t\\&=(\boldsymbol{I}+\mathbf{A}\Delta t)\boldsymbol{x}(t)+\mathbf{B}\boldsymbol{u}(t)\Delta t\end{aligned} \tag{A.4}$$

式中，$\boldsymbol{I}$ 为单位矩阵。

目前，与 Eluer 方法相比，有些方法能够更加精确地估计下一时刻的状态值，利用这些方法，可以提高数字解的准确度，例如梯形积分法、Runge－Kutta 类方法，在本附录的习题中，将详细地讨论这个问题。

例 A.1　求简单二阶电路的数字解

考虑下图所示的 RLC 电路，选择电感电流和电容电压为状态变量，写出系统的状态方程。用 Euler 积分法求解该状态方程。设输入为单位阶跃电压，在初始时刻，状态变量的值为零，相关参数为 $R=10\Omega$；$C=0.33\text{F}$；$L=3.7\text{H}$。

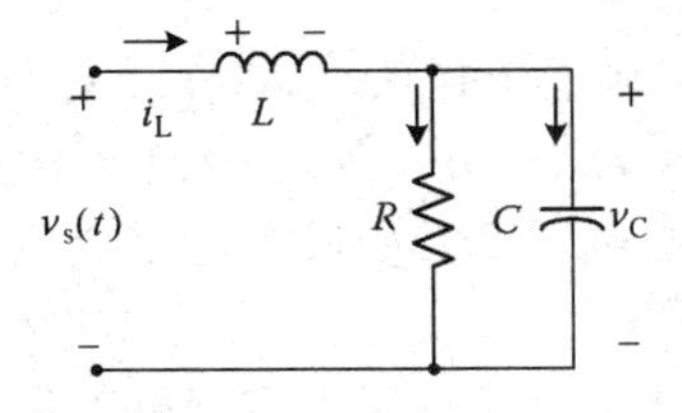

解：

第一步，建立电路的状态方程，选择电感电流和电容电压为状态变量，状态方程的表达式如下：

$$\frac{di_L(t)}{dt}=\frac{1}{L}v_L(t)=\frac{1}{L}[v_S(t)-v_C(t)]$$

$$\frac{dv_C(t)}{dt}=\frac{1}{C}i_C(t)=\frac{1}{C}\left[i_L(t)-\frac{1}{R}v_C(t)\right]$$

利用 Euler 法，状态方程可以离散化为

$$i_{\mathrm{L}}(t+\Delta t)=i_{\mathrm{L}}(t)+\frac{1}{L}[v_{\mathrm{S}}(t)-v_{\mathrm{C}}(t)]\Delta t$$

$$v_{\mathrm{C}}(t+\Delta t)=v_{\mathrm{C}}(t)+\frac{1}{C}\left[i_{\mathrm{L}}(t)-\frac{1}{R}v_{\mathrm{C}}(t)\right]\Delta t$$

时间步长取 100μs，仿真结果如下图所示。

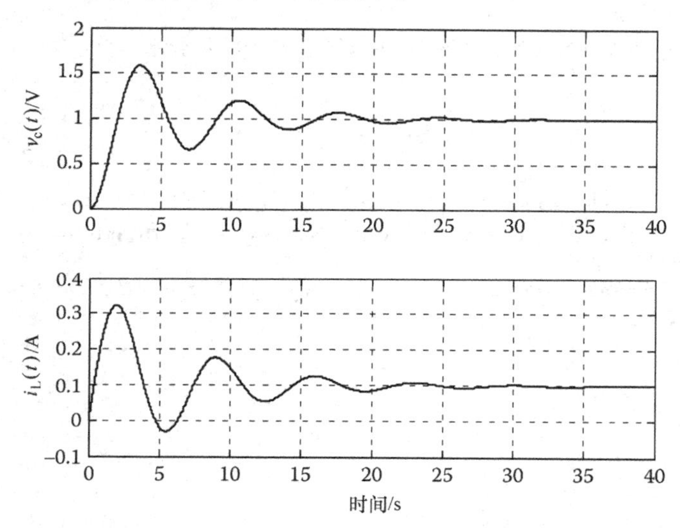

在附录 A 的习题部分，将讨论数字解的准确度和稳定性与时间步长的关系。

A.4 结束语

数字积分技术是动态系统（例如电机及其传动系统）仿真的基础，各种数字积分方法都具有鲜明的特性，这些特性包括稳定性、收敛性。在文献［1］和文献［2］中，作者对各种数字积分方法进行了详细的讨论。

在电路数字仿真领域，阅读文献［3］，有助于理解如何对等效电路进行离散化，该文献主要基于梯形积分方法，对该问题进行了介绍，得到了离散化方程及其数字解。

习　　题

1. 在 Euler 方法中，利用在当前时刻的状态变量的微分值，估计下一时刻的状态变量的值。而在梯形积分法中，同时计算当前时刻和下一时刻的微分值，取两者的平均，用平均值估计下一时刻的状态变量的值。也就是，在 $\boldsymbol{x}(t+\Delta t)\approx\boldsymbol{x}(t)+\dot{\boldsymbol{x}}(t)\Delta t$ 中的 $\dot{\boldsymbol{x}}(t)$，用 $1/2[\boldsymbol{f}(\boldsymbol{x}(t),\boldsymbol{u}(t))+\boldsymbol{f}(\boldsymbol{x}(t+\Delta t),\boldsymbol{u}(t+\Delta t))]$ 代替。把梯形积分法应用到线性动态系统中，写出时域仿真算法。

2. 求在例 A. 1 中的电容电压的解析解，验证仿真结果的准确度。
3. 在以下条件下，重复例 A. 1：
a. 使用 Euler 方法，$\Delta t = 10\text{ms}$；
b. 使用 Euler 方法，$\Delta t = 0.5\text{s}$；
c. 使用梯形积分法，$\Delta t = 10\text{ms}$；
d. 使用梯形积分法，$\Delta t = 0.5\text{s}$；
e. 在准确度和稳定性方面，对以上结果进行评价。
4. 证明：对于线性动态方程，梯形积分法不会引起解的不稳定。

参考文献

1. K. S. Kunz, *Numerical Analysis*, New York, McGraw-Hill, 1957.
2. S. C. Chapra, R. P. Canale, *Numerical Methods for Engineers*, fifth edition, New York, McGraw-Hill, 2006.
3. N. Watson, J. Arrillaga, *Power Systems Electromagnetic Transients Simulation*, London, IET, 2003.

附录 B：功率半导体器件

B.1 引言

电力电子电路被广泛地应用到了电机传动系统中，功率半导体器件（Power Semiconductor Devices，PSDs）是构成电力电子电路的基础元件。目前，在设计高性能电力电子电路时，设计者可以选择各种类型、各具特色的 PSDs。要深入地研究 PSDs，就需要详细地了解器件的半导体结构和特性、导通和阻断能力、开关特性等，因此，涉及的内容很多，明显的超出了本书的范围。在本附录的参考文献中，对 PSDs 进行了详尽而深入的阐述，感兴趣的读者可以查阅相关资料。

用于电力电子电路中的 PSDs 具有一个共同特点是，PSDs 都工作在开关状态，也就是这些器件在工作时处于以下两种状态之一：在第一种状态中，允许电流流过，两端的压降很低；在第二种状态中，不允许电流流过，两端的压降很高。第一种状态被称为导通状态，第二种状态被称为关断状态。不同 PSDs 之间的区别主要体现在如何控制器件的导通和关断。

根据可控性，可以把 PSDs 分为以下几种类型：

1. 不控型开关器件：不能控制这类 PSDs 的导通和关断，器件的状态取决于其工作条件。

2. 半控型开关器件：在一定条件下，可以采用外部控制电路，使这类 PSDs 由关断状态变为导通状态，但是不能控制其由导通状态变为关断状态，何时由导通状态变为关断状态是由器件的工作条件决定的，不受控制电路的控制。

3. 全控型开关器件：这类 PSDs 的导通状态和关断状态都是可控的，可以通过外部控制电路，决定器件何时导通与何时关断。

下面对各种类型的 PSDs 进行简要的讨论。

B.2 不控型开关器件

不控型开关器件由各种类型的二极管组成，二极管的导通状态和关断状态是由其外部条件决定的。二极管的符号和电压 - 电流特性如图 B.1 所示。

由图可以看出，当两端电压为正时，二极管处于导通状态，电流从正极到负极流过二极管，两端的压降相对较小，对于功率二极管一般为几伏。当电压变为负时，二极管由导通状态变为关断状态，只有很小的漏电流，二极管承受反向电压。

如果反向电压超过反向击穿电压，二极管则反向导通，但这是不期望出现的状态，在电路设计中，应避免出现这种情况。在误差不大的情况下，可以认为二极管为理想开关，当其处于导通状态时，允许电流以正方向流过且压降为零；当其处于关断状态时，承担反向电压，电流为零。因此，无论是处于导通状态还是关断状态，理想二极管的损耗都为零。

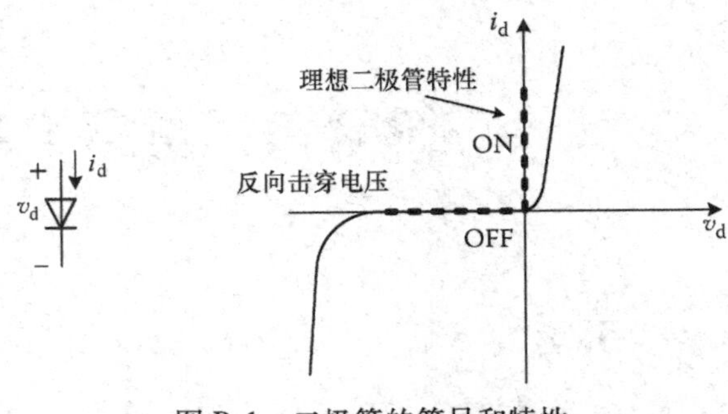

图 B.1　二极管的符号和特性

B.3　半控型开关器件

控制功率器件的导通时间是控制变流器的必要条件。对于半控型开关器件，可以通过控制信号，使其由关断状态变为导通状态，晶闸管就属于半控型开关器件。

晶闸管的符号和电压—电流特性如图 B.2 所示。由图 B.2 中可见，当器件不被击穿且处于关断状态时，既可以承受正向电压，也可以承受反向电压。

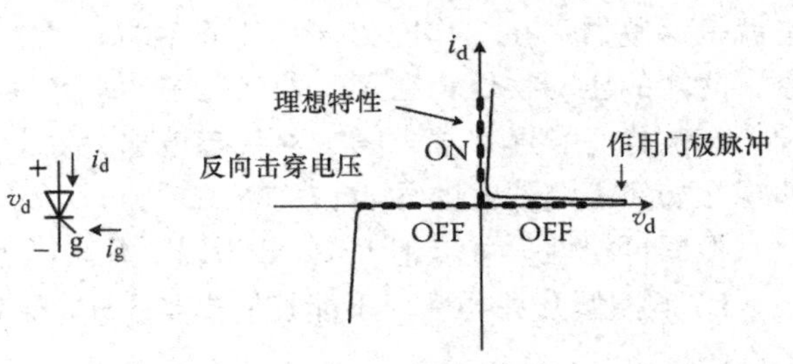

图 B.2　晶闸管的符号和特性

当晶闸管两端的电压为正，给晶闸管的门极（g）作用一个电流脉冲，该脉冲的幅值和作用时间都要大于一定的值，晶闸管则快速变为导通状态。在导通状态，晶闸管的性质类似于二极管，允许电流由阳极流入，阳极和阴极间有很小的压降。如果晶闸管的电流趋向于负，或者两端（阳极—阴极）的电压变为负，晶闸管则会由导通状态变为关断状态。

一大类电力电子变流器，例如单相整流器、三相整流器，都可以用晶闸管来实现。由于晶闸管可以获得很高的额定电压和很大的额定电流，因此，用晶闸管可以制作出高额定电压、大额定电流的大容量变流器。在全控型开关器件出现以前，晶闸管也被应用到了需要控制功率器件关断的电路中，在这种情况下，需要额外的换流电路，强迫晶闸管由导通状态变为关断状态。

B.4　全控型开关器件

如前所述，可以用外部电路来控制全控型开关器件的导通和关断，这种特性为设计电力电子电路提供了很大的灵活性。毋庸置疑，与不控型和半控型器件相比，全控型器件实现的电路控制起来要更为复杂。

许多 PSDs 属于全控型器件，例如双极结型电力晶体管（Power bipolar Junction Transistors，BJT）、功率 MOSFET、门级可关断晶闸管（Gate Turn - Off thyristors，GTO）、绝缘栅双极晶闸管（Insulated Gate Bipolar Transistors，IGBT）等。这些器件具有明显不同的特性，这些特性包括：内部半导体的结构、导通关断的控制方法、开关频率、驱动要求、额定电压和额定电流、耐压能力等。

在最近几年，集成门极换流晶闸管（Intergrated Gate Commutated Thyristors，IGCT）得到了很大的发展，可应用于高电压和大电流的场合，因此，能用于制作大功率变流器。IGCT 的开关频率较高，可实现高品质的电流控制。在关断状态下，这种器件能够阻断正反向电压。IGCT 对驱动的要求不高，驱动电流小，驱动功率低，符号和电压—电流特性如图 B. 3 所示。

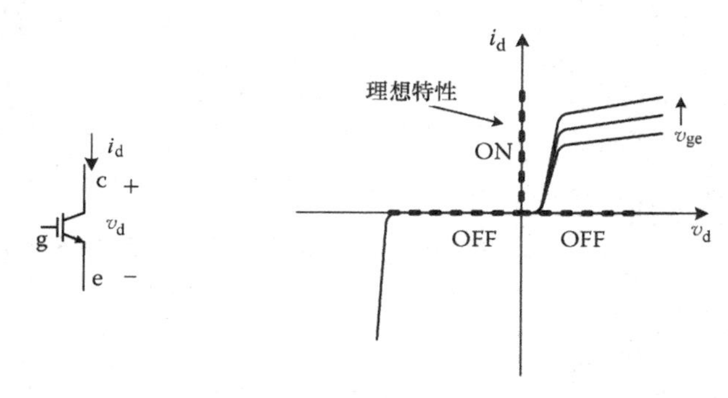

图 B. 3　IGCT 的符号和特性

B. 5　结束语

掌握电力电子器件的相关知识，可以为设计电力电子电路奠定坚实的基础。功率半导体器件的特性，与应用在低压电路中的半导体器件的特性相差很大。PSDs 被设计成电力开关，经过优化设计后，其特性能够很好地满足“开关”的要求。

参考文献中给出的参考资料对 PSDs 进行了深入的介绍。

参考文献

1. N. Mohan, T. M. Undeland, W. P. Robbins, *Power Electronics: Converters, Applications and Control*, Hoboken, NJ, Wiley, 2003.
2. J. G. Kassakian, M. F. Schlect, G. C. Verghese, *Principles of Power Electronics*, Reading, MA, Addison Wesley, 1991.

附录 C：三角恒等式

C.1 基本运算

$$\cos(-x) = \cos(x)$$
$$\cos\left(\frac{\pi}{2} - x\right) = \sin(x)$$
$$\cos\left(\frac{\pi}{2} + x\right) = -\sin(x)$$
$$\cos(\pi - x) = -\cos(x)$$
$$\cos(\pi + x) = -\cos(x)$$

$$\sin(-x) = -\sin(x)$$
$$\sin\left(\frac{\pi}{2} - x\right) = \cos(x)$$
$$\sin\left(\frac{\pi}{2} + x\right) = \cos(x)$$
$$\sin(\pi - x) = \sin(x)$$
$$\sin(\pi + x) = -\sin(x)$$

$$\sin(2x) = 2\sin(x)\cos(x)$$
$$\cos(2x) = \cos^2(x) - \sin^2(x) = 1 - 2\sin^2(x) = 2\cos^2(x) - 1$$

C.2 和差与乘积

$$\sin(x+y) = \sin(x)\cos(y) + \sin(y)\cos(x)$$
$$\sin(x-y) = \sin(x)\cos(y) - \sin(y)\cos(x)$$
$$\cos(x+y) = \cos(x)\cos(y) - \sin(x)\sin(y)$$
$$\cos(x-y) = \cos(x)\cos(y) + \sin(y)\sin(x)$$
$$\sin(x)\sin(y) = \frac{1}{2}[\cos(x-y) - \cos(x+y)]$$
$$\cos(x)\cos(y) = \frac{1}{2}[\cos(x+y) + \cos(x-y)]$$

$$\sin(x)\cos(y)=\frac{1}{2}[\sin(x+y)+\sin(x-y)]$$

C.3 组合公式

$$\sin^2(x)+\sin^2\left(x-\frac{2\pi}{3}\right)+\sin^2\left(x+\frac{2\pi}{3}\right)=\frac{3}{2}$$

$$\cos^2(x)+\cos^2\left(x-\frac{2\pi}{3}\right)+\cos^2\left(x+\frac{2\pi}{3}\right)=\frac{3}{2}$$

$$\sin(x)\cos(x)+\sin\left(x-\frac{2\pi}{3}\right)\cos\left(x-\frac{2\pi}{3}\right)+\sin\left(x+\frac{2\pi}{3}\right)\cos\left(x+\frac{2\pi}{3}\right)=0$$

$$\sin(x)+\sin\left(x-\frac{2\pi}{3}\right)+\sin\left(x+\frac{2\pi}{3}\right)=0$$

$$\cos(x)+\cos\left(x-\frac{2\pi}{3}\right)+\cos\left(x+\frac{2\pi}{3}\right)=0$$

$$\sin(x)\cos(y)+\sin\left(x-\frac{2\pi}{3}\right)\cos\left(y-\frac{2\pi}{3}\right)+\sin\left(x+\frac{2\pi}{3}\right)\cos\left(y+\frac{2\pi}{3}\right)=\frac{3}{2}\sin(x-y)$$

$$\sin(x)\sin(y)+\sin\left(x-\frac{2\pi}{3}\right)\sin\left(y-\frac{2\pi}{3}\right)+\sin\left(x+\frac{2\pi}{3}\right)\sin\left(y+\frac{2\pi}{3}\right)=\frac{3}{2}\cos(x-y)$$

$$\cos(x)\cos(y)+\cos\left(x-\frac{2\pi}{3}\right)\cos\left(y-\frac{2\pi}{3}\right)+\cos\left(x+\frac{2\pi}{3}\right)\cos\left(y+\frac{2\pi}{3}\right)=\frac{3}{2}\cos(x-y)$$

Electric Machines and Drives: Principles, Control, Modeling and Simulation/by Shaahin Filizadeh/ISBN: 9781439858073

图书在版编目（CIP）数据

电机及其传动系统：原理、控制、建模和仿真/（美）费利扎德（Filizadeh,S.）著；杨立永译．—北京：机械工业出版社，2015.11（2024.10 重印）
（国际电气工程先进技术译丛）
书名原文：Electric Machines and Drives: Principles, Control, Modeling, and Simulation
ISBN 978-7-111-51520-3

Ⅰ.①电…　Ⅱ.①费…②杨…　Ⅲ.①电机－电力传动
Ⅳ.①TM921

中国版本图书馆 CIP 数据核字（2015）第 217180 号

机械工业出版社（北京市百万庄大街 22 号　邮政编码 100037）
策划编辑：江婧婧　责任编辑：江婧婧
责任校对：陈　越　封面设计：马精明
责任印制：单爱军
北京虎彩文化传播有限公司印刷
2024 年 10 月第 1 版第 8 次印刷
169mm×239mm · 10.75 印张 · 220 千字
标准书号：ISBN 978-7-111-51520-3
定价：59.80 元

凡购本书，如有缺页、倒页、脱页，由本社发行部调换

电话服务	网络服务
服务咨询热线：010-88361066	机 工 官 网：www.cmpbook.com
读者购书热线：010-68326294	机 工 官 博：weibo.com/cmp1952
010-88379203	金 书 网：www.golden-book.com
封面无防伪标均为盗版	教育服务网：www.cmpedu.com